你若放下，幸福自来

你若放下，
幸福自来

叶杉 著

中国华侨出版社
北京

图书在版编目(CIP)数据

你若放下,幸福自来 / 叶杉著. -- 北京:中国华侨出版社, 2021.8
ISBN 978-7-5113-8535-2

Ⅰ.①你… Ⅱ.①叶… Ⅲ.①人生哲学—通俗读物 Ⅳ.① B821-49

中国版本图书馆 CIP 数据核字(2021)第 095752 号

你若放下,幸福自来

著　　　者	叶　杉
出 版 人	刘凤珍
责任编辑	张　玉
封面设计	冬　凡
文字编辑	贾　娟
美术编辑	刘欣梅
插图绘制	Mymy
经　　销	新华书店
开　　本	880mm×1230mm　1/32　印张 / 8　字数 / 160 千字
印　　刷	三河市华成印务有限公司
版　　次	2021 年 8 月第 1 版　2021 年 8 月第 1 次印刷
书　　号	ISBN 978-7-5113-8535-2
定　　价	38.80 元

中国华侨出版社　北京市朝阳区西坝河东里 77 号楼底商 5 号　邮编:100028
法律顾问:陈鹰律师事务所
发 行 部:(010)64443051　　传　真:(010)64439708
网　　址:www.oveaschin.com　　E-mail:oveaschin@sina.com

如果发现印装质量问题,影响阅读,请与印刷厂联系调换。

前言 PREFACE

"世上本无事，庸人自扰之。"人们总会遇到很多难以诉说的烦恼，或生活，或事业，或感情；也总会遇到顺逆之境、迁调之遇、进退之间的各种情形与变故，此时，不要让身外之物牵绊我们的身心，该放下的一定要放下。对功名富贵放不下，生命就会在功名富贵里耗费；对悲欢离合放不下，生命就会在悲欢离合里挣扎；对金钱、名位、人情放不下，生命就会在金钱、名位、人情里打滚；对是非、得失放不下，生命就会在是非、得失里受折磨。人生如舟，负载过多、过重，不沉船也难免要搁浅。当你为生活的种种烦恼感到困惑、承受压力时，给你的生活开一扇窗，试着放下那些芜杂与纷繁，放下所有的负担，天空海阔，你将会活得旷达洒脱。

生活中，有太多的人在执着，执着于近在咫尺的成功，执着于绚丽多姿的生活，执着于唾手可得的感情……却始终是差之毫厘。放下心中的纷扰，放下外物的得失，拥有一个豁达、通透的心境，才能让生命更加充实，让人生更加从容。

人生在世，不如意者十有八九。面对挫折时，用一颗豁达的心去承载；遭遇坎坷时，用信心和勇气去打拼；苦难来临时，用笑容和博爱去坦然面对；而无法拥有时，要轻松地挥手告别。人生在世，有些事情是不必在乎的，有些东西是必须放下的。只有该放下时放下，你才能够腾出手来，抓住真正属于你的快乐和幸福。

放下是一种选择，更是一种生活的智慧。放下那些不适合自己去充当的社会角色，放下束缚你的世故人情，放下牵绊你的功名利禄，放下徒有其表的奉承夸奖，放下各种蒙住你眼睛的假象，你才能充分地努力做好自己应该做的事，自由自在地发掘自己的潜力，主题明确地直奔自己应该追求的目标，坚定不移地走自己的路。而能以冷静掌控抉择，以平和面对得失，以中庸拒绝极端，以出世的心做入世的事，人生必将快乐、豁达、成功。

放下是一种境界，更是人生的幸福之道。懂得放下的人，事情再多，只取最重要的完成；懂得放下的人，绝不会为了金钱、名利、荣誉这样的身外之物，牺牲自己的健康、幸福和快乐。放下，不是为了让我们放弃；放下，不是为了让我们退缩；放下，是为了得到幸福，得到更多。不懂放下的人，早晚会被欲望所累，身心不堪重负；而那些早早放下的人，却能成功和幸福同享。学会放下，将会看轻人生的得与失；选择放下，才能留出容纳幸福的位置。

放下，是一种超越、一种洒脱，是一种积极的人生态度，是一种高深的人生哲学，是一种化腐朽为神奇的生活智慧。放下，就是幸福。

目录 CONTENTS

第一章 放下负担,一身轻松
剔除生命中无用的东西 001
常怀空杯心态,心自会丰盈 003
轻轻放下,轻装前行 007
凡事看开,享受生活 010
顺其自然,活得单纯 014
只看自己拥有的,不看自己没有的 017

第二章 放下执着,进退自如
人生不必太执着 019
另辟蹊径,步入新境 022
学会变通,走出人生困境 024
穷则变,变则通 028

抛却执着的妄念 031

第三章 放下名利，走得更远

淡泊名利，克己制欲 034

淡名寡欲，安贫乐道 037

知足不辱，知止不殆 040

懂得淡泊，让内心宁静 044

恬然自得，去留无意 047

第四章 放下怨恨，学会宽容

不原谅别人就是在惩罚自己 051

以超然气度去对待他人 054

多些度量，少些计较 057

独木桥上，先让对面的人过来 059

打开"心"的格局 062

第五章 放下抱怨，收获快乐

婚姻如鞋，有磨才能合 065

接受不完美的伴侣 067

带着欣赏的眼光看待婚姻 069

婚姻需要信任的滋润 071

第六章 放下贪念,知足常乐

心中存善念,不做贫穷的富人 074
克制己欲,拒绝不需要的东西 077
为欲望减减"肥" 079
用淡泊梳理生活,用宁静安抚心情 082
心淡如水,寡欲则明 085

第七章 放下浮躁,心安身安

成功要耐得住寂寞 088
修为内在,成就外在 090
静心过滤浮躁,留守安宁 094
务实铺就成功之路 097
人淡如菊自飘香 100

第八章 放下计较,糊涂是福

人生不必太计较 103
守得大愚才是大智 105
不妨做个"糊涂"人 108
要舍得吃眼前亏 110
不为他人的眼光而活 114
帮别人等于帮自己 117

第九章 放下虚荣，回归本色

做本色的自己 122

充实人生，安心走自己的路 124

真正的人格需要内心的充实 127

虚妄的荣耀，不过是掩耳盗铃 129

爱慕虚荣会让你狼狈不堪 133

放弃攀比，和心灵赛跑 136

第十章 放下得失，坦然接受

没有失去，也就无所谓获得 139

淡看得失，不必挂心 142

常怀一颗平常心 146

少要多做，少说多做 150

沉潜是为了更好地腾飞 152

第十一章 放下身段，拓宽职路

职场低姿态，赢得他人心 156

进是前，退亦是前 159

融入集体，避开边缘化 163

低调做人，高调行事 164

沉下心来，从基层做起 167

第十二章 放下输赢,商海互惠

放下输赢,取得双赢 ... 171
敢于吃亏,妥协共赢 ... 172
拿得起,更要放得下 ... 175
适度让利才能赢得长久利益 ... 178
减少内耗式的忙碌 ... 180

第十三章 放下过去,拥抱新生

只有向前走的人才能遇到未来 ... 185
幸福不曾走远,就在当下 ... 187
抓住今天,才能成就明天 ... 191
乐活当下,过好每一天 ... 194
在当下的一刹那收获成功 ... 197

第十四章 放下压力,轻装上路

重压之下,要勇敢面对 ... 201
压力向下,动力向上 ... 203
凡事寻常看,排压心舒畅 ... 206
用"沙漏哲学"过滤压力 ... 209
会休息,赢得好状态 ... 213
放慢节奏,身心和谐 ... 215

释放压力，轻装前行 216

接纳压力，相信自己 219

第十五章 幸福就在不远处

懂得放下，在不经意间收获幸福 222

该提起时提起，该放下时放下 224

换种心态，让幸福光临 227

努力争取，改变境遇 230

静水流深，修炼一颗感恩心 234

利用好生命中的每分每秒 236

勘破无常，看淡生死 239

第一章
放下负担，一身轻松

剔除生命中无用的东西

人生的目的不是要做到面面俱到，也不是多多益善，而是把自己已经掌握的东西得心应手地去运用。如同宝剑一样，剑刃越薄越好，重量越轻越好。

生命中总有太多与人生活无关的东西，这些东西对于人来说是无用的。但很多时候，我们常常会被这样的人和事所干扰，在歧路上越走越远，找不到回头的道路，最终失去了真实的自我。

如果我们能把这些无用的却时时烦扰我们的事物从生命中清除出去，那么我们就会有足够的时间来跟随自己的心，思考整个宇宙，思考这永恒的时间，观察每一事物的瞬息万变。其实，生命是属于我们自己的，每个人都应该有一片属于自己的独特的天空。我们所要做的只是不要被别人的言论所左右，找到那片属于自己的天空，我们便能创造出属于自己的精彩。

一个皇帝想要整修京城里的一座寺庙，他派人去找技艺高超的工匠，希望能够将寺庙整修得美丽而又庄严。

后来有两组人员被找来了，一组是京城里很有名的工匠与画师，另外一组是几个和尚。由于皇帝不知道到底哪一组人员的手艺更好，于是就决定给他们机会作一个比试。皇帝要求这两组人员分别去整修对面而立的两座小寺庙。三天之后，皇帝要来验收成果。

工匠们向皇帝要了一百多种颜色的颜料（漆），又要了很多工具；而让皇帝很奇怪的是，和尚们居然只要了一些抹布与水桶等简单的清洁用具。

三天之后，皇帝来验收。

他首先看了工匠们所装饰的寺庙，工匠们敲锣打鼓地庆祝工程的完成，他们用了非常多的颜料，以非常精巧的手艺把寺庙装饰得五颜六色。

皇帝满意地点点头，接着回过头来看和尚们负责整修的寺庙。他看了一下就愣住了，和尚们所整修的寺庙没有涂上任何颜料，只是把所有的墙壁、桌椅、窗户等都擦拭得非常干净，寺庙中所有的物品都显出了它们原来的颜色，而它们光亮的表面就像镜子一般，无瑕地反射出从外面而来的色彩，那天边多变的云彩、随风摇曳的树影，甚至是对面五颜六色的寺庙，都变成了这个寺庙美丽色彩的一部分，而这座寺庙只是宁静地接受这一切。

皇帝被这座庄严的寺庙深深地感动了,当然我们也知道最后的胜负了。

我们的心就像是一座寺庙,我们不需要用各种精巧的装饰来美化它,我们需要的只是让它内在原有的美无瑕地显现出来。

人生的目的不是要做到面面俱到,也不是多多益善,而是把自己已经掌握的东西得心应手地去运用。

有些人总感觉活得很累,身上背负的重担越来越多,原因就在于他们不懂得放弃那些生命中无用的东西。其实,不管外界如何纷纷扰扰,我们都应该让自己保持一片清静的天地,让心灵不必承受过多的所求和所欲。

我们只有学会放弃,才会活得更加充实、坦然和轻松。

常怀空杯心态,心自会丰盈

空杯心态,其实就是一种虚怀若谷的精神,有了这种精神,人才能够不断进步,不断走向新的成功。

有一年,哈佛校长向学校请了3个月的假,然后告诉自己的家人,不要问他去什么地方,他每个星期都会给家里打个电话报平安。

校长只身一人,去了美国南部的农村,尝试着过另一种全新的生活。他到农场去打工,去饭店刷盘子。在田地做工时,背着老板躲在角落里抽烟，或和工友偷懒聊天，都让他有一种前所未有的愉悦。

最有趣的是最后他在一家餐厅找到一份刷盘子的工作，干了4小时后，老板把他叫来，跟他结账。老板对他说："可怜的老头，你刷盘子太慢了，你被解雇了。"

"可怜的老头"重新回到哈佛，回到自己熟悉的工作环境后，却觉得以往再熟悉不过的东西都变得新鲜有趣起来，工作成为一种全新的享受。

哈佛校长这3个月的经历，像一个淘气的孩子搞了一次恶作剧，新鲜而刺激。更重要的是，它使哈佛校长回到一种原始状态，如同儿童看到的世界，一切都充满乐趣。

这个"可怜的老头"，厌倦了在哈佛日复一日的校务工作和程式化交际，为了改变这一现状，他抛开哈佛校长的光环，从零开始生活，从而也抛弃了以往心中所积攒的不少"垃圾"，让自己的内心真正"空杯"。

从某种意义上说，当一个人的发展遭遇某种瓶颈时，不妨以"空杯"的方式放弃从前，关上身后的那扇门，你会发现另一片美丽的花园，找到另一番工作的激情和生活的乐趣。

现代人往往背负了太多的东西，生活倦怠，激情丧失，似乎是永远也摆脱不了的话题。每过一段时间，每到一定阶段，当我们感到一种难以摆脱的压抑和烦躁时，可以向那位哈佛校长学习，适当地将现状"空杯"，换种方式前进，或许是种不错的选择。

　　选择将现状"空杯",以一种归零、谦虚的心态重新开始,人生的境况或许就会大不相同。有这样一种现象:人们第一次成功相对比较容易,第二次却不容易了,这是为什么呢?

　　国内某著名集团的老总曾经说过这样意味深长的话:"往往一个企业的失败,是因为它曾经的成功,过去成功的理由是今天失败的原因。任何事物发展的客观规律都是波浪式前进、螺旋式上升、周期性变化。中国有一句古话,叫风水轮流转,在经济学上讲就叫资产重组。"生活就是不断地重新再来。不"空杯"就不能进行新的资产重组,就无法持续发展。

　　以前,我们可能有过很高的地位,可能拥有很多的财富,具有渊博的知识,但是当我们想要获得更大成功的时候,就需要有一个空杯的心态。空杯心态能让我们快速成长,并能使我们学到更多的成功方法。

　　如果我们要喝一杯咖啡,就应该先把杯子里的茶倒掉,否则把咖啡加进去之后,茶也不是,咖啡也不是,成了四不像。人生亦是如此,要想让自己攀上更高的山峰,应一切从头再来,就像大海一样把自己放在最低点,来容纳百川。

　　倘若一个杯子装满了水,稍一晃动,水便会溢出来。一个人若心里装满了骄傲,便再也容纳不了新知识、新经验和别人的忠言了。长此以往,事业或止步不前,或受挫。故古人云:"满招损,谦受益。"文艺复兴时期的大师达·芬奇也曾在《笔记》

中感叹道:"微少的知识使人骄傲,丰富的知识则使人谦逊,所以空心的禾穗高傲地仰头向天,而充实的禾穗低头向着大地,向着它的母亲。"

由此可见,保持一种空杯心态对于一个人长期的发展是多么的重要。海尔集团首席执行官张瑞敏说:"我们主张产品零库存,同样主张成功零库存。只有把成功忘掉,才能面对新的挑战。"海尔的年销售额高达数百亿元,但张瑞敏从未有过一丝飘飘然的感觉,相反,他时时处处向员工灌输危机意识,要求大家面对成功始终保持一种如履薄冰的谨慎。

成功仅代表过去,如果一个人沉迷于以往成功的回忆,那他就再也不会进步。对于有远大志向的追求者来说,成功永远在下一次。保持空杯心态,才能不断发展创造新的辉煌。人们问球王贝利他的哪一个进球是最精彩、最漂亮的,他的回答永远是"下一个"。冰心说:

"冠冕，是暂时的光辉，是永久的束缚。"一个人只有摆脱了历史的束缚，才能不断地向前迈进。

空杯心态，其实就是一种虚怀若谷的精神，有了这种精神，人才能够不断进步，不断走向新的成功。

常怀空杯心态，腾空自己，放下多余的负担，生命自能轻松自在。

轻轻放下，轻装前行

我们每个人都是背着行囊在人生路上行走，负担的东西少、走得快，就能尽早接触到生命的真谛。

丰子恺在谈到弘一法师为何出家时做了如下分析：

"我以为人的生活可以分作三层：一是物质生活，二是精神生活，三是灵魂生活。物质生活就是衣食；精神生活就是学术文艺；灵魂生活就是宗教——'人生'就是这样一座三层楼。懒得（或无力）走楼梯的，就住在第一层，即把物质生活弄得很好，锦衣玉食、尊荣富贵、孝子慈孙，这样就满足了——这也是一种人生观，抱这样的人生观的人在世间占大多数。高兴（或有力）走楼梯的，就爬上二层楼去玩玩，或者久居在这里头——这就是专心学术文艺的人，这样的人在世间也很多，即所谓'知识分子''学者''艺术家'。还有一种人，'人生欲'很强，脚力大，对二层楼还不满足，就再走楼梯，爬上三层楼去——这就是宗教徒了。他们做人很认真，满足了'物质欲'还不够，满足了'精神欲'还不够，必须探求人生的究竟；他们认为财产、子孙都是身外之物，学术、文艺都是暂时的美景，连自己的身体都是虚幻的存在；他们不肯做本能的奴隶，必须追究灵魂的来源、宇宙的根本，这才能满足他们的'人生欲'，这就是宗教徒。

"……我们的弘一法师，是一层层地走上去的……故我对于弘一法师的由艺术升华到宗教，一向认为当然，毫不足怪。"

丰子恺认为，弘一法师为了探知人生的究竟、登上灵魂生活的第三层楼，把财产、子孙都当作身外物，轻轻放下，轻装前行，这是一种气魄，是凡夫俗子难以领会的情怀。

我们每个人都是背着行囊在人生路上行走，负担的东西少、走得快，就能尽早接触到生命的真谛。遗憾的是，我们想要的东西太多太多了，自身无法摆脱的负累还不够，还要给自己增添莫名的烦忧。禅宗的一个公案讲述的就是这样一个故事：

希迁禅师住在湖南，禅师有一次问一位新来参学的学僧道："你从什么地方来？"

学僧恭敬地回答："从江西来。"

希迁禅师问："那你见过马祖道一禅师吗？"

学僧回答："见过。"

希迁禅师随意用手指着一堆木柴问道："马祖道一禅师像一堆木柴吗？"

学僧无言以对。

因为在希迁禅师处无法契入，这位学僧就又回到江西见马祖道一禅师，讲述了他与希迁禅师的对话。马祖道一禅师听完后，安详地一笑，问学僧道："你看那一堆木柴大约有多重？"

"我没仔细量过。"学僧回答。

马祖道一禅师哈哈大笑："你的力量实在太大了。"

学僧很惊讶，问："为什么呢？"

马祖道一禅师说："你从南岳那么远的地方背了一堆柴来，还不够有力气？"

仅仅一句话，这位学僧就当作一个莫大的烦恼执着地记在心中，从湖南一路记到江西，耿耿于怀不肯放下，难怪马祖道一禅师会说他"力气大"。我们的心有多大的空间能承载下这些无意义的东西？

天空广阔能盛下无数的飞鸟和云，海湖广阔能盛下无数的游鱼和水草，可人并没有天空开阔的视野，也没有大海广阔的胸襟，要想拥有足够轻松自由的空间，就得抛去琐碎的繁杂之物，比如无意义的烦恼、多余的忧愁、虚情假意的阿谀……如果把人生比作一座花园，那么这些东西就是无用的杂草，我们要学会将这些杂草铲除。

放弃实权虚名，放弃人事纷争，放弃变了味的友谊，放弃失败的爱情，放弃破裂的婚姻，放弃不适合自己的职业，放弃异化扭曲自己的职位，放弃没有意义的交际应酬，放弃坏的情绪，放弃偏见、陋习，放弃不必要的忙碌、压力……勇敢大胆地放下，不要像故事里的那位学僧，把"一捆重柴"背在身上不放手。如果不懂得放下，我们会比那位学僧更可悲，因为我们面对琐碎的生活，需要担起的木柴，比他要多得多。

放下生命中无用的东西，放下太多的负重，轻轻放下，才能更好地前行。

凡事看开，享受生活

懂得享受生活的人，比一般人更能感觉到生活的乐趣和人生的幸福。

我们都有过这样的经历：

亲戚送了一盒上等绿茶，舍不得喝，放了很久，却没有想到保存不当，等拿出来喝时才发现受潮发霉了，只好万般不舍地扔掉。

朋友送了一件质地良好的风衣，却因为太喜爱而舍不得穿。等有一天想要拿出来穿时，却发现自己的身材已由亭亭玉立变得臃肿，那件风衣自己竟然无法再穿上了。

朋友出差时送了一盒当地特产的糕点，舍不得吃，待下决心将它"消灭"时，却发现早已过了保质期。

同样，在我们或长或短的一生中，很多东西也是不能保存而必须尽快享受的。不能享受人生、享受生活的人，就一定不会快乐。下面这个小故事就说明了这个道理。

从前有个财主，他为自己地窖里珍藏的葡萄酒感到非常自豪——窖里保存着一坛只有他自己才知道的、某种重要场合才能喝的陈酒。

州府的总督登门拜访，财主提醒自己："这坛酒不能仅仅为一个总督启封。"

地区主教来看他，他自忖道："不，不能开启那坛酒。他不懂这种酒的价值，酒香也飘不进他的鼻孔。"

王子来访，和他共进晚餐。但他想："区区一个王子喝这种酒过分奢侈了。"

甚至在他亲侄子结婚那天，他还对自己说："不行，接待这种客人，不能拿出这坛酒。"

一年又一年过去，财主死了。

下葬那天，那坛陈酒和其他的酒坛一起被搬了出来，左邻右舍的农民把酒统统喝光了，谁也不知道这坛陈年老酒的久远历史。对他们来说，所有倒进酒杯里的仅是酒而已。

在条件允许的情况下，我们应该尽量享受生活，没有必要像苦行僧似的，总是一味苛待自己。懂得享受生活的人，比一般人更能感觉到生活的乐趣和人生的幸福。

著名的钢琴大师鲁宾斯坦有次给朋友一盒上等雪茄，朋友表示要好好珍藏这一份特别的礼物。"不，不要这样，你一定要享用它们,这种雪茄如人生一样,都是不能保存的,你要尽快享受它们。没有爱和不能享受人生,就没有快乐。"钢琴大师对朋友说。

钢琴大师的话蕴含着深奥的人生哲理,我们每个人都有必要读懂它,记住它,运用它。可是在现实生活中,类似下面这样的事情还是经常在我们身上发生。

玛丽家里有3个开水瓶,平时,只要哪个开水瓶里没有水了,玛丽总会及时去烧开水,把空着的水瓶注满。

这天,玛丽烧好水,刚注满两个空着的开水瓶,她的丈夫走过来,拿起其中一个就往茶杯里倒水。玛丽止住了他,指了指另一个瓶说:"先喝昨天烧的。"丈夫只好放下手里的开水瓶,提起那个瓶,往杯里一倒,水已不热。丈夫虽皱了皱眉,但还是从容地喝了这杯凉开水。他知道,如果不喝,玛丽又会说,自己家烧的水,不能像公司里那样,凉了就倒掉。

就这样,玛丽天天都要烧开水,但玛丽一家人天天都只能喝凉开水。

玛丽买了一箱梨。买回当天,玛丽清理出几个烂梨子。她把好梨装回箱子,把那几个烂梨子剜去烂掉的部分,洗净,然后动员全家人一起"消灭"了那几个烂梨子。

过了几天,玛丽打开箱子,发现又烂了几个梨子。她再次把烂梨子清理出来,剜去烂掉的部分,洗净,再次动员全家一起突击吃烂梨子。

梨子仍在烂,玛丽依然动员全家吃掉烂梨。最终玛丽一家吃了一箱烂梨子。

玛丽家有了冰箱后,她上街买菜一次便买很多回来,把冰箱塞得满满的,这样可以吃上一些日子。

玛丽每次发现冰箱里面的菜不多了,便提上菜篮子,上街狠狠地采购一批。回来时,除了菜篮子里装满了,还大包小包提着几个塑料袋。她每次都把冰箱里原来剩下的菜清出来,把刚买的新鲜菜放进去。玛丽是这样算计的:先前买的菜必须先吃,不然坏了可惜。

玛丽家冰箱里的菜总是在循环,新买的新鲜菜总是被玛丽放进冰箱里,玛丽家每日吃的都是在冰箱里储存了一段时间的菜。

玛丽的丈夫出差回来,给玛丽买了一套流行的套装裙。玛丽很高兴,她把衣裙试了一次后,便舍不得穿,将它挂进衣柜里,又穿起那些旧衣服。她觉得那些旧衣服都还没穿坏,搁在那儿不穿挺可惜的,新衣服可以存起来以后再穿。

玛丽的丈夫仍在不断地给玛丽买时兴的衣服,玛丽也很喜欢,可玛丽总是舍不得丢弃旧衣服。一天,玛丽从箱柜里取出自买回来只穿了一次的踏脚裤,穿上,走在大街上,引来了不少人侧目,玛丽却一脸灿烂,她为引来如此高的回头率而自我感觉良好。玛丽自己当然不知道,这种裤子早已过时,人们看她就像看见了一个怪物。

玛丽从来都没有想过要改变喝凉开水、吃烂梨子、吃储存菜、穿过时衣服的习惯，她认为这是生活中的一种美德。

如果换个方式想一想，其实人生很多时候需要舍弃一些东西，这不但不是浪费，还能获得更多的东西。

在此需要说明的是，我们提倡尽量享受生活，不是让你超前享受，更不是让你奢侈，而是在有条件的前提下去享受。比如和家人一起看场电影，和朋友一起做一次短途旅行，和心爱的人一起享受一顿美食，等等。

总之，该享受的时候绝不吝啬，这样的日子才会过得有滋有味，这样的日子才是好日子。

顺其自然，活得单纯

生命，那是自然付给人类去雕琢的宝石。

有的时候，在都市里生活久了，高节奏步调会让一些人对生活产生很多的不满，为什么自己至今毫无建树？为什么没有好的工作？为什么不能住上大房子？等等。生活中，不可能凡事都那么顺利，所以珍惜眼前的一切，哪怕自己没有拥有过。

这个世界，总是处在因果循环中，有得必有失，有福必有祸，有生必有死。既然这样，很多东西是无法去创造和左右的，比如说时间和生命，所以我们应该顺其自然，把握今天，因为今天就是生命——是唯一你能确知的生命。这样一来，少了忧虑，也恰好落得潇洒与清净。

人之所以总会不快乐，总会有这样那样的抱怨，是因为活得不够单纯；人总是想把更多的东西抓在手中，结果负担太重，活得气喘吁吁。有的人奔忙了一辈子，却没有思考过人生的意义在哪里，到头来不是在为自己而活，而是为世俗活着，这样的人生也未免太过悲哀。我们不能太苛求自己，偶尔给自己的心放个假，一杯茶，一本小说，一个阳台，轻松自然地享受片刻的宁静，过自己想要的生活，自然而然，不求甚多，放下烦恼，拾起欢乐，活着就那么简单。

有位诺贝尔奖获得者说过："生命，那是自然付给人类去雕琢的宝石。"一个人，上天给了你生活在这个世界上的机会，那么，生命本身就应该有一种意义，而不应该让自己白来一场。我们虽然不能选择天生的形体、家庭、环境，等等，但是，我们可以用自己的双手去创造奇迹。国学大师南怀瑾先生几次都说，每个人都有天然的生命，每个人的身体形貌都是独立的，各有独自的精神。走自己的路，让别人去说吧。

宠辱不惊，这是一种乐观豁达、顺其自然的态度，正所谓"命里有时终须有，命里无时莫强求"，凡事看得开一点，处变不惊，一时成败难以论英雄，好与坏都会过去，保持一个好心情是最重要的。所以，成功时切莫骄傲，失败时也不必气馁。平常心，自然处之。真正懂得这些的人，总是怀着一颗赤子之心，追求的永远不是什么繁华喧闹的生活,他们总能在平凡的现实中感受自然的一切,用慈悲的心去化解万物的不安定。

一日,长沙景岑禅师到山上去散步,回来的时候碰到了住持长老。住持问他:"你今天去了哪里?"景岑禅师:"我到山上去散步了。"住持追问:"去哪里了?"景岑禅师:"始随芳草去,又逐落花回。"

景岑禅师拥有的是一颗纯净的心,无论在怎样的环境中,他都用自己简单而豁达的心去感知世界,用追求生命的平和去看待生命。

随着人慢慢地成长,人心会越来越复杂。不以物喜,不以己悲,保持一种自然的生活态度,不要被外在的环境左右了自己的抉择,便会懂得生命纯真的欢乐。人生当中,许多时候,人并没有机会和时间进行抉择,所以你只需遵循生命自然的方式,随性生活便好。所谓的随性,并不是随便,而是不躁进、不过度、不强求;是把握机缘,不悲观、不慌乱、不忘形。

其实生活通常都很简单，只是人们用自己的心让它变得扑朔迷离。不要复杂了自己的心，烦恼了，就想想那些天真烂漫的美好回忆——"还记得你说家是唯一的城堡，随着稻香河流继续奔跑，微微笑，小时候的梦我知道，不要哭，让萤火虫带着你逃跑，乡间的歌谣永远的依靠，回家吧，回到最初的美好"。

只看自己拥有的，不看自己没有的

只看自己拥有的，不看自己没有的。不要与别人比华丽的服装，而忽视了自己真正需要提升的东西。

生活中有些人羡慕那些明星、名人，日日淹没在鲜花和掌声中，名利双收，以为世间苦痛都与他们无缘。事实上，一旦走进明星、名人的生活，就会知道他们同样有着不为人知的辛酸。

俗话说，人生失意无南北。于是，人们站在城里，向往城外，而一旦走出围城，就会发现生活其实都是一样的，有许多我们一直很在意的东西，较之别人，就会发现根本就没有什么可比性。

有位哲人说过，与他人比是懦夫的行为，与自己比才是英雄。这句话乍一听不好理解，细细品味就会发现它十分在理。所以，不要把我们的生命浪费在和别人比较上，应该与自己的心灵赛跑。

那些总认为自己太差的人，他们心灵的空间挤满了太多的负累，从而无法欣赏自己真正拥有的东西。其实做人不必对自己太苛求，我们又怎么知道别人一定比自己好？其实，每个人身上都有让别人羡慕的地方，也有自己不满意的地方，没有一个人是十全十美的，关键在于自己怎么看待自己。

有一个因为自己没有一双完整的、漂亮的鞋而苦恼的女孩，她为自己有破洞的鞋而闷闷不乐，忽然有一天看到了那个挂着拐杖要饭的男孩没有脚，她才发现自己是多么的富有，又是多么的可悲。富有是因为她有一双脚，而可悲的是因为她不懂得珍惜现在的生活，不懂得欣赏自己的拥有。

我们要接受自己生活中所谓不完美的地方，用"和自己赛跑，不要和别人比较"的生活态度来面对生活。如果我们愿意放下身段，观察别人表现杰出的地方，从对方的表现看出成功的端倪，收获最多的，其实还是自己。

只看自己拥有的，不看自己没有的。不要与别人比华丽的服装，而忽视了自己真正需要提升的东西。静下心来，我们会发现很多东西真的不是我们想象的那样不可或缺，放下心灵的负担，感激自己的富足，才能仔细品味我们已拥有的一切。

第二章
放下执着，进退自如

人生不必太执着

古语云："夫物芸芸，各复归其根，归根曰静，静曰复命。"即万物纷杂生存，又各自返回它们的本原，返归本原称为"静"，叫复归本性。宇宙生命的来源，本来就是清虚的。"复命曰常，知常曰明。""常"并不全等于永恒，一个人不知常，就要从自己的生命中回过头来找寻。既然一切皆为清虚，我们又何必对什么事情都抓得很牢，执着而不肯放手呢？

有两个不如意的年轻人，一起去拜望一位禅师："师父，我们在办公室被欺负，太痛苦了，求您开示，我们是不是该辞掉工作？"两个人一起问。禅师闭着眼睛，隔了一会儿，吐出5个字："不过一碗饭。"就挥挥手，示意年轻人退下了。

回到公司，一个人递上辞呈，回家种田，另一个却继续留在公司。日子过得真快，转眼10年过去了。回家种田的，以现代方法经营，加上品种改良，居然成了农业专家。另一个留在公司里的也不差，他忍着气、努力学，渐渐受到器重，后来成为经理。

有一天两个人相遇了，"奇怪！师父给我们同样'不过一碗饭'这5个字，我一听就懂了，不过一碗饭嘛！日子有什么难过？何必硬巴着公司？所以辞职。"农业专家接着问另一个人，"你当时为什么没听师父的话呢？""我听了啊！"那经理笑道，"师父说'不过一碗饭'，多受气、多受累，我只要想'不过为了混碗饭吃'，老板说什么就是什么，少赌气、少计较，就成了！师父不是这个意思吗？"两个人又去拜望禅师，禅师已经很老了，仍然闭着眼睛，隔了一会儿，答了5个字："不过一念间。"

对于我们每个人来说，没有一样东西是可以完完全全、真真正正抓住的，无论是物，还是人。因此不必斤斤计较，刻意追逐。有人曾问过南怀瑾先生这样一个问题："怎样学布施才不过分贪心赢利集财？"南怀瑾先生精辟地回答："地球都是你的，为什么不布施？"

对于不生不灭的生命本原，要把握得住，要认识得透彻，才能够善始善终。"不知常，妄作凶"，人生若醉生梦死，碌碌无为，终将痛苦离去。想要尽力去抓住一切，往往什么都抓不住。

敬贤禅师有个弟子喜欢画画。在经过一段时间的苦练之后，他想画出一幅人人见了都喜欢的画，画完后，他拿到市场上去展出，画旁放了一支笔，并附上说明："每一位观赏者，如果认为此画有欠佳之笔，均可在画中标上记号。"

晚上，小和尚取回了画，发现整个画面都涂满了记号——没有一笔一画不被指责。小和尚十分不快，对这次尝试深感失望。敬贤禅师让他换一种方法去试试。

小和尚又摹了一张同样的画，拿到市场展出。

可这一次，按照师父的建议，他要求每位观赏者将其最为欣赏的妙笔都标上记号。当小和尚再取回画时，他发现画面又被涂遍了记号。一切曾被指责的笔画，如今却都换上了赞美的标记。敬贤禅师问弟子："通过这件事，我们可以悟出什么？"

"师父！"小和尚不无感慨地说，"我觉得我发现了一个奥妙，那就是：我们不管干什么，只要使一部分人满意就够了，因为，在有些人看来是丑恶的东西，在另一些人眼里则恰恰是美好的。"

不必过于执着他人的眼光和看法，因为我们无论怎么做都无法让所有的人满意，这时索性让自己满意就行了。人生路有多条，何必将自己逼进死胡同呢？

放下对外物的执着，才能让自己进退自如。常言道，天无绝人之路。上帝在关闭一扇门时，就会打开一扇窗。在人生走到歧路或困境时，千万不要绝望灰心，因为正有另一条大路向我们展开坦途。人生有无数条路，条条大路通罗马。一条路走不通，何不换另一条路来走？

另辟蹊径，步入新境

创新有时需要离开常走的大道，潜入森林，你就肯定会发现前所未见的东西。

一条路走不顺畅，可以硬着头皮走下去，也可以放弃原路，另辟蹊径。换一种思维，换一个想法，往往能使人豁然开朗，步入新境，也能使人从"山穷水尽"中看到"峰回路转"和"柳暗花明"。

美国科学家贝尔曾说过："创新有时需要离开常走的大道，潜入森林，你就肯定会发现前所未见的东西。"这也就是说我们往往按照自己已经习惯的思维角度来思考问题，从同样的角度看上去，我们所拥有的资源总是一样的，就永远要在资源的限制下发展。但如果你能换一个角度去思考，很可能就会有不一样的发现。

有一家电视台请来了一位商业奇才做嘉宾主持。很多人想听听他成功的方法。他却淡淡一笑，说："还是我出道题考考你们吧！"

"某处发现了金矿，人们一窝蜂地拥了过去，然而一条河挡住了他们的去路。这时，如果是你，你将怎么办？"

有人说绕道走，也有人说游过去。嘉宾只笑不说话，过了很久他才说："为什么非要去淘金呢？不如买船从事运送淘金者的营生。"

众人愕然。是啊，那种情形下，即便你将那些淘金者宰得身无分文，他们也心甘情愿呀——因为过去就是金矿！

成功往往就隐藏在别人没有注意的地方，假如你能发现它、抓住它、利用它，那么，你就会有机会获得成功。困境在智者的眼中往往意味着一个潜在的机遇，愚者对此却无动于衷。

人云亦云、随波逐流往往是我们生活中的陷阱。如果总是大家做什么你也做什么，就无法取得突破。为何不想一下"大家不做什么""大家还没有做什么"。这样，在他人忽略的特殊领域，我们便能挖掘出新的产品和服务项目。要想改善生活品质，首先要学会改变思路。不善改变思路就根本不可能找到成功的路径。

美国康奈尔大学威克教授做过这样一个试验：拿一只敞口玻璃瓶，瓶底朝光亮的一方，放进一只蜜蜂。蜜蜂在瓶口反复朝有光亮的方向飞。它左冲右突，努力了多次，都没有飞出瓶子。尽管这样，它还是不肯改变突围方向，仍旧按原来的方向去冲撞瓶壁。最后，它耗尽了气力，累死了。

接着，教授又放进了一只苍蝇。苍蝇也向有光亮的方向飞，突围失败后，又朝各种不同方向尝试，结果最后终于从瓶口飞走了。

有时候，人只要稍微变通一下思路，生命的前景、工作的效率就会大为改观。当工作遇到挫折的时候，你是否常常这样鼓励自己："坚持到底就是胜利。"有时候，这会陷入一种误区：一意孤行，一头撞南墙。因此，当你的努力迟迟得不到预期的业绩时，就要学会放弃，要学会改变一下思路。其实，细想一下，适时地放弃不也是人生的一种大智慧吗？改变一下方向又有什么难的呢？

改变一个想法，我们改变的，就不只是自己的那个世界。有人说：心就是一个人的翅膀，心有多大，我们就能飞多远。当我们感觉眼前无路可走的时候，不妨转念一下，另辟蹊径，就有可能步入人生的另一片天地。

学会变通，走出人生困境

对于困难这部老爷车来说，变通就是最好的润滑油。

变通是一种智慧，在善于变通的人们那里，不存在困难这样的字眼。再顽固的荆棘，也会被他们用变通的方法连根拔起。他们相信，凡事必有方法去解决，而且能够解决得很完善。

一位姓刘的老总曾深有感触地讲述了自己的故事：

十多年前，他在一家电气公司当业务员。当时公司最大的问题是讨账。产品不错，销路也不错，但产品销出去后，却总是无法及时收到货款。

有一位客户买了公司20万元产品，但总是以各种理由迟迟不肯付款，公司派了3批人去讨账，都没能拿到货款。当时他刚到公司上班不久，就和另外一位姓张的员工一起被派去讨账。他们软磨硬泡，想尽了办法，最后，客户终于同意给钱，叫他们过两天来拿。

两天后他们赶去，对方给了一张20万元的现金支票。

他们高高兴兴地拿着支票到银行取钱，结果却被告知，账上只有199900元。很明显，对方又耍了个花招儿，他们给的是一张无法兑现的支票。第二天就要放春节假了，如果不及时拿到钱，不知又要拖延多久。

遇到这种情况，一般人可能一筹莫展了。但是他却突然灵机一动，拿出100元钱，让同去的小张存到客户公司的账户里去。这样一来，账户里就有了20万元，他立即将支票兑了现。

当他带着这20万元回到公司时，董事长对他大加赞赏。之后，他在公司不断发展，5年后当上了公司的副总经理，后来又当上了总经理。

显然，刘总为我们讲了一个精彩的故事，因为他的智慧，使一个看似难以解决的问题迎刃而解了，因为他的变通，才使他获得不凡的业绩，

并得到公司的重用。可以说，变通就是一种智慧。

生活中，学会变通、懂得思考才会有"柳暗花明又一村"的惊喜。事实也一再证明，看似极其困难的事情，只要我们用心去寻找变通方法，必定会有所突破。

委内瑞拉人拉菲尔·杜德拉也正是凭借这种不断变通而发迹的。在不到20年的时间里，他就建立了投资额达10亿美元的事业。

20世纪60年代中期，杜德拉在委内瑞拉的首都拥有一家很小的玻璃制造公司。可是，他并不满足于干这个行业，他学过石油工程，他认为石油是个赚大钱和更能施展自己才干的行业，于是他一心想跻身于石油界。

有一天，他从朋友那里得到一则信息，说是阿根廷打算从国际市场上采购价值2000万美元的丁烷气。得此信息，他充满了希望，认为跻身于石油界的良机已到，于是立即前往阿根廷调研，想争取到这个合同。

到了之后他才知道早已有英国石油公司和壳牌石油公司两个老牌大企业在频繁接触这个项目了。这是两家十分难以对付的竞争对手，更何况自己对石油业并不熟悉，资本又并不雄厚，要做成这笔生意难度很大。但他并没有就此罢休，他决定采取变通的迂回战术。

一天，他从一个朋友处了解到阿根廷的牛肉过剩，急于找门路出口外销。他灵机一动，感到幸运之神到来了，这等于给他提供了同英国石油公司及壳牌公司同等竞争的机会，对此他充满了必胜的信心。

他旋即去找阿根廷政府。虽然他当时还没有掌握丁烷气，但他确信自己能够弄到，他对阿根廷政府说："如果你们向我买2000万美元的丁烷气，我便买你2000万美元的牛肉。"当时，阿根廷政府想赶紧把牛肉推销出去，便把购买丁烷气的订单给了杜德拉，他终于战胜了两个强大的竞争对手。

订单争取到后，他立即筹办丁烷气。他随即飞往西班牙。当时西班牙有一家大船厂，由于缺少订货而濒临倒闭。西班牙政府对这家船厂的命运十分关切，想挽救这家船厂。

这一则消息，对杜德拉来说，又是一个可以把握的好机会。他便去找西班牙政府商谈，杜德拉说："假如你们向我买2000万美元的牛肉，我便向你们的船厂订制一艘价值2000万美元的超级油轮。"西班牙政府官员对此求之不得，当即拍板成交，马上通过西班牙驻阿根廷使馆，与阿根廷政府联络，请阿根廷政府将杜德拉所订购的2000万美元的牛肉，直接运到西班牙来。

杜德拉把2000万美元的牛肉转销出去之后，继续寻找丁烷气。他到了美国费城，找到太阳石油公司，他对太阳石油公司说："如果你们能出2000万美元租用我这条油轮，我就向你们购买2000万美元的丁烷气。"太阳石油公司接受了杜德拉的建议。从此，他便打进了石油业，实现了跻身于石油界的愿望。经过苦心经营，他终于成为委内瑞拉石油界的巨头。

杜德拉是具有大智慧、大胆识的商业奇才。这样的人能够在困境中变通地寻找方法、创造机会，将难题转化为有利的条件，创造更多可以脱颖而出的资源。美国一位著名的商业人士在总结自己的成功经验时说，他的成功就在于他善于变通，他能根据不同的困难，采取不同的方法，最终克服困难。

对于困难这部老爷车来说，变通就是最好的润滑油。对于善于变通的人来说，世界上不存在困难，只存在着暂时还没想到的方法。因此，当我们面临人生的困境时，不妨换种思维、换种角度来对待，学会变通，走出困境。

穷则变，变则通

生命就像一条河流，不断回转蜿蜒，才能克服崇山峻岭，汇集百川，成为巨流。

行走中的人，既要能够看到远处的山水，也要能够看到自己脚下的路。"不计较一时得失，基于全景考虑而决定的变通"往往是抵达目的地的一条捷径。变通，既是为了通过，更是为了向前。

穷则变，变则通。生命的长途中既有平坦的大道也有崎岖的小路，聪明的人既向往大道的四通八达，也憧憬小路上的美丽风景；生命的轮转中四季交替，既有姹紫嫣红、草长莺飞的明媚春光，也有银装素裹、万木凋零的凛凛冬日，万物生灵随着季节的轮转调整着自己的生存方式。

在生命的春天中,我们尽可以充分享受和煦的春风、温暖的阳光,而遭遇寒冬之时,要及时调整步速,不急不躁地把握住生命的脉搏。

人的一生,总要经风历雨,横冲直撞、一味拼杀是莽士,运筹帷幄、懂得变通才是智者。

从前有一个穷人,他有一个非常漂亮的女儿。穷人家境拮据,妻子又体弱多病,不得已向富人借了很多钱。年关将至,穷人实在还不上欠富人的钱,便来到富人家中请求拖延一段时间。

富人不相信穷人家中困窘到了他所描述的地步,便要求到穷人家中看一看。

来到穷人家后,富人看到了穷人美丽的女儿,坏主意立刻就冒了出来。他对穷人说:"我看你家中实在很困难,我也并非有意难为你。这样吧,我把两个石子放进一个黑罐子里,一黑一白,如果你摸到白色的,就不用还钱了,但是如果你摸到黑色的,就把女儿嫁给我抵债!"

穷人迫不得已只能答应。

富人把石子放进罐子里时,穷人的女儿恰好从他身边经过,只见富人把两个黑色石子放进了罐子里。穷人的女儿刹那便明白了富人的险恶用心,但又苦于不能立刻当面拆穿他的把戏。她灵机一动,想出了一个好办法,并悄悄地告诉了自己的父亲。

于是,当穷人摸到石子并从罐子里拿出时,他的手"不小心"

抖了一下，富人还没来得及看清颜色，石子便已经掉在了地上，与地上的一堆石子混杂在一起，难以辨认。

富人说："我重新把两颗石子放进去，你再来摸一次吧！"

穷人的女儿在一旁说道："不用再来一次了吧！只要看看罐子里剩下的那颗石子的颜色，不就知道我父亲刚刚摸到的石子是黑色的还是白色的了吗？"说着，她把手伸进罐子里，摸出了剩下的那颗黑色石子，感叹道："看来我父亲刚才摸到的是白色的石子啊！"

富人顿时哑口无言。

"重来一次"意味着穷人摸到黑、白石子的概率仍然各占一半，而穷人的女儿则通过思维的转换成功地扭转了双方所处的形势。所以很多时候与其硬来，不如作出变通更有效果。当客观环境无法改变时，改变自己的观念，学会变通，才能在绝境中走出一条通往成功的路。

生活中许多事情往往都要转弯，路要转弯，事要转弯，命运有时也要转弯。转弯是一种变化与变通，转弯是调整状态，也是一种心灵的感悟。生命就像一条河流，不断回转蜿蜒，才能克服崇山峻岭，汇集百川，成为巨流。生命的真谛是实现，而不是追求；是面对现实环境，懂得转弯迂回和成长，而不是直撞或逃避。

高山不语，自有巍峨；流水不止，自成灵动。沉稳大气、卓然挺拔，是山的特性；遇石则分，遇瀑则合，是水的个性。水可穿石，山能阻水，山有山的精彩，水有水的美丽，而山环水、水绕山，更是人间曼妙风景。

抛却执着的妄念

执着于变幻无常的世间一切，就是一种虚妄。

禅宗祖师曾说过一句话："如虫御木，偶尔成文。"意思是说，有一只蛀虫咬树的皮，忽然咬的形状构成了花纹，使人觉得好像是鬼神在这棵树上画了一个符咒。偶尔成文似锦云，有时候也很好看，其实那都是偶然撞到的。这就说明一切圣贤说法以及佛的说法都是对机说法，这些都是偶尔成文，过后一切不留。既然世间的一切都是偶尔成文的，还有什么好执着的呢？

西堂智藏是马祖道一禅师的弟子。他住持西堂后，有一次一位俗家人士问："禅师，请问有天堂和地狱吗？"

禅师答："有。"他又问："有佛、法、僧三宝吗？"禅师答："有。"他还提了许多问题，禅师全都回答："有。"那人说："师父这样回答，恐怕错了吧？"禅师就问："难道你见过得道高僧了吗？"那人答："我曾经参见过径山和尚。"禅师问："径山对你怎么说的？"那人答："他说一切都无。"禅师问："你有妻子吗？"他回答："有。"禅师问："径山和尚有妻子吗？"那人答："无。"禅师说："径山和尚说无也是对的。"那人行礼道歉后满足地离去了。

俗家人士的回答为什么有问题呢?原因就在于他还有对错之分,一个执着于对错的人,当然就是一个妄念没有去除的人。

佛陀告诫世人说,一个人要学习超然物外,不要执着于万事万物,因为尘世间万事万物均是无常。不要执着,不代表不让生活中任何感情和经验留在心中。事实恰恰相反,我们要让所有情绪、体验、经验穿透心房,只有真实地去接受、体会和认清这些经验,才能让它离开,不再执着。

赵州禅师是禅宗史上有名的大师,他对执着也有很精彩的解释。

众僧请赵州禅师住持观音院。一天,赵州禅师上堂说法:"比

如明珠握在手里，黑来显黑，白来显白。我老僧把一根草当作佛的丈六金身来使，把佛的丈六金身当作一根草来用。菩提就是烦恼，烦恼就是菩提。"有僧问："不知菩提是哪一家的烦恼？"赵州禅师答："菩提和一切人的烦恼分不开。"又问："怎样才能避免？"赵州禅师："避免它干什么？"

又有一次，一个女尼问赵州禅师："佛门最秘密的意旨是什么？"赵州就用手掐了她一下，说："就是这个。"女尼道："没想到你心中还有这个。"赵州说："不！是你心中还有这个！"

赵州禅师的话语给我们以足够的启示。人为什么放不下，就因为他们还有执着，有执着的人就不会绝对自在。

南怀瑾先生告诉我们，其实生活中的很多人都被眼前的现象骗了，人生永远不断有明天，何必总是看过去呢？明天不断地来，真正的虚空是没有穷尽的，它也没有分断昨天、今天、明天，也没有分断过去、现在、未来，永远是这么一个虚空。天黑又天亮，昨天、今天、明天是现象的变化，与这个虚空本身没有关系。天亮了把黑暗盖住，黑暗真的被光亮盖住了吗？天黑了又把光明盖住，互相轮替，黑暗光明，光明黑暗，在变化中不增不减；所以一切都是虚妄不实的，而虚空之体却是不增不减的；所以生活中的我们，一定不要被变化不实的现象所骗。执着于变幻无常的世间一切，就是一种虚妄。

其实，这就是所谓"色即是空"，不执着了，就会享受当下，坦然接受一切，那逍遥的境界也就不远了。

第三章

放下名利,走得更远

淡泊名利,克己制欲

挡不住今天的诱惑,将失去明天的幸福。

人生在世,无论贵贱贫富、逆顺穷达,都少不了要与名利打交道。对待名利,人们有着不同的态度,有的人追名逐利,有的人淡泊名利。放眼古今,很多著名的学者都是淡泊名利的代表者。他们都实践着"非淡泊无以明志,非宁静无以致远"的目标,他们对个人的名利常常采取漠然冷淡和不屑一顾的态度,而把主要精力放在对理想、事业的追求上。

居里夫人是著名的科学家,她曾两次获得诺贝尔奖,在世界上享有很高的声誉。1903年12月,居里夫妇和贝克勒尔一起获得了诺贝尔物理学奖。他们夫妇功勋盖世,然而他们却极端藐视名利,最厌烦那些无聊的应酬。他们把自己的一切都献给了科学事业,而不捞取任何私利。在镭提炼成功以后,有人劝他们向政府申请专利权，垄断镭的制造以此发大财。居里夫人对此说："那是违背科学精神的，科学家的研究成果应该公开发表，别人要研制，不应受到任何限制。""何况镭是对病人有好处的，我们不应当借此来谋利。"居里夫妇还把得到的诺贝尔奖奖金大量地捐赠给需要的人。

居里夫人如此严谨而富有责任心的作风，这种甘于寂寞、淡泊自守、不求闻达的精神，实在是让人佩服。俗话说："名为锢身锁，利是焚身火。"只有学会淡泊名利，人才会更加高尚。

人的欲望是无限的，而那些贪腐者们追求的其实不外乎身体的舒适、丰盛的食品、漂亮的服饰、绚丽的色彩和动听的乐声，这些奢侈腐化的追求，到头来终究只是一场空。

有一个人，潦倒得连床也买不起，家徒四壁，只有一张长凳，他每天晚上就在长凳上睡觉。

他向佛祖祈祷："如果我发财了，我绝对不会像现在这样吝啬。"

佛祖看他可怜，就给了他一个装钱的口袋，说："这个袋子里有一个金币，当你把它拿出来以后，里面又会有一个金币，但是当你想花钱的时候，只有把这个钱袋扔掉才能花。"

那个穷人就不断地往外拿金币，整整一晚上没有合眼。他家地上已经到处都是金币了，就算这一辈子什么也不做，这些钱也足够他花的了。但每次当他决心扔掉那个钱袋的时候他都舍不得，于是他就不吃不喝地一直往外拿着金币，屋子里装满了金币。

可是他还是对自己说:"我不能把袋子扔了,钱还在源源不断地出来,还是等钱再多一些的时候再把袋子扔掉吧!"

这样直到他虚弱得连把钱从口袋里拿出来的力气都没有了,他还是不肯把袋子扔了。最后他死在了钱袋的旁边,屋子里装的都是金币。

穷人因为不知足而死,到死也成不了富人,可见不懂得克制欲望是多么可怕。

常言道:淡泊名利,克己制欲。何为"淡泊"?是朱熹"事理通达心气和平,品节详明德行坚定"的随和,还是陶渊明"采菊东篱下,悠然见南山"的闲适,抑或郑板桥"难得糊涂"的豁达?古往今来,这没有一个确定的概念。不过,有一点可以肯定,凡是真正"淡泊"的人,方能将个人得失置之度外,视名利如粪土,心态平和,操守清廉。俗话说:"不羡黄金罍,不羡白玉杯;不羡朝入省,不羡暮登台;千羡万羡西江水,曾向竟陵城下来。"

挡不住今天的诱惑,将失去明天的幸福。人降临世界的时候,手是合拢的,似乎在说:"世界是我的。"人离开世界时手是张开的,仿佛在说:"瞧哪,我什么都没有带走。"人一死,双脚一蹬,生命便终止了,身前的种种,人又能带走哪一样呢?名和利都只是暂时的,看开了这一点,生活也便轻松了。

只有卸下身上的重负,才能看到生活真正的本质。从古至今上演了太多为名利而亡的故事,名利不是人们活着的终极目标,还有更有价值的追求。其实,一切功名利禄都不过是过眼烟云,得而失之、失而复得等情况都是经常发生的。我们要意识到一切都可能因时空转换而发生变化,这样才能够把功名利禄看淡、看轻、看开些,做到"荣辱毁誉不上心"。

淡名寡欲,安贫乐道

不看重那些闲名、虚名,淡看一切的名利,才是一种智慧。

一位著名的禅师感觉自己即将离开人世,这个消息传出去后,很多人从四面八方赶来,连朝廷也派人赶来送别。

大家到齐后发现禅师脸上洋溢着净莲般的微笑,禅师此时望着满院的僧众和来客,大声说:"我在世间沾了一点闲名,如今躯壳即将散坏,闲名也该去除。你们之中有谁能够替我除去闲名?"

禅师说完,殿前一片寂静,没有人知道该怎么办,也没有人懂禅师到底是什么意思。忽然,一个前几日才上山的小和尚走到禅师面前,恭敬地顶礼之后,高声问道:"请问和尚法号是什么?"

小和尚的话一出口,所有的人都投去埋怨的目光。旁边的人低声斥责小沙弥目无尊长,对禅师不敬,还有的人埋怨小沙弥无知,连鼎鼎大名的洞山禅师的法号都不知道还当什么和尚,这时院子里闹哄哄的。

禅师听了小和尚的问话，大声笑道："好啊！现在我没有闲名了，还是小和尚聪明呀！"于是，闭目合十，就此离去。此时小和尚已经热泪盈眶，他心中暗暗庆幸能为师父除去闲名。

过了一会儿，其他小和尚立刻围了起来，众僧纷纷责问："真是岂有此理！连咱们老禅师的法号都不知道，你到这里来干什么？"

小和尚看着周围的人，无可奈何地说："他是我的师父，他的法号我岂能不知？"众僧追问道："那你为什么要那样问呢？"

小和尚答道："我那样做就是为了除去师父的闲名！"

有多少人为了这样的闲名而终其一生，世上能做到舍弃名利、除去闲名的人又有几个呢？

其实，人生关心的问题很多，其中最令人挂念的事就是自己的名誉、地位如何。老禅师明白名利的危害性，所以淡看名利，去除闲名。在现在的社会里，很少有人不重视自己的地位和名声，诸如在亲人中的地位、在家庭里的地位、在朋友中的地位、在公司里的地位，等等，总要求得到一个合乎自己身份的地位。

如果人把生命都耗费在虚有的名利上，到头来只能是一场空。除去闲名对于我们来说就是看淡名利，做到无争、无价、安宁、幸福。

以"药王"美称载入史册的孙思邈，是唐朝京兆华原（今陕西省铜川市耀州区）人。他少年时代，酷爱文学，立志写出流芳百世的文章。可后来突然发生的一场天灾人祸，使他改变了志向。

这一年，华原一带大旱，井水干涸，庄稼枯死，接着又瘟疫流行，许多村庄成了"无人乡"。孙思邈也染上了疫症，幸亏一位云游郎中路过此处，用几剂良药救了他的性命。这件事引发了孙思邈的深思。他想，在猖獗的瘟疫面前，自己的满腹诗书一点用也没有；连两榜进士出身的华原县县令也逃之夭夭，把十几万黎民百姓丢给了张着血盆大口的瘟神。相比之下，那云游郎中就显得高尚多了。于是，他决心抛却功名，做一个为天下黎民百姓赐药治病的好医生。

可时过不久，朝廷突然传下圣旨，急宣孙思邈进京，授官国子监博士。

一些乡亲暗暗替孙思邈高兴，说他进京当了大官，有了功名利禄，就能享一辈子富贵荣华了。

谁知孙思邈根本不把所谓的功名、厚禄看在眼里。他向钦差施了一礼，辞谢道："请钦差大人回复圣上，思邈不才，且弃文习医多时，不能应诏赴京……"

钦差笑着劝说道："圣上知你能诗善赋，特命下官前来诏请。请不要过谦，马上随下官进京吧！"

孙思邈还是再三推辞。钦差变了脸，怒喝道："不必多说。限你三日内进京面君，违了期限，以欺君论罪。"说罢，催马而去。

当天晚上，孙思邈辗转反侧，冥思苦想：三天之后我若还不赴京，朝廷必定不肯罢休。看来，要实现自己的志向，只有远走高飞、浪迹天涯了。就这样，孙思邈毅然辞别慈母，离开了故乡。

虚名者，有名无实，或果其名而不果其实之谓也。孙思邈深谙所谓闲名之无用,恪守为天下黎民百姓赐药治病的志向实在令人钦佩!

与世俗之人"讨名""买名"相反,真正的名人却是"逃名""除名"的,他们视虚名为粪土,并且对此弃之如敝屣。

我们只有心静下来,不奢望过多的繁华与名利,懂得安守,懂得安贫乐道,以淡名寡欲的思想,真正做到除去自己的闲名,以一颗自然、平常之心来对待我们的任何处境,快乐、自在才会常驻我们的生活、我们的内心。

知足不辱,知止不殆

进一步,容易;退一步,难。大多数人能成功,却不能全身而退;少数人看透功名实质,重视过程,淡看结果,终能功成身退。

《道德经》中提道:"功遂身退,天之道也。"功业既成,引身退去,天道使然。花开果生,果结花谢,自然之道。老子对人生的洞察真正体现了一种智者的深邃,他只一眼便窥透了深层的人性内核。人莫不爱财慕富,贪恋权势,但凡能够及时抽身引退,总能一生圆满。真正做到功成身退,才算是掌握了生命的平衡之道。

功成身退并非指一定要隐居山林,归隐田园。功成身退其实是一种对待功名的态度,即使有了大功劳也不居功自傲,飞扬跋扈为谁雄,只会引来无妄之灾。

数千年来,中国历史一直上演着"飞鸟尽,良弓藏;狡兔死,走狗烹"的悲剧,政治的险恶,入世与出世,一直是仁人志士艰难的抉择,痛苦无奈。青史上许多留名之人终其一生都在寻找"功"与"身"的平衡点。

让我们从一位历史人物身上看看他对功成身退的绝佳演绎吧。

金熙宗天眷二年（1139年），石琚考中进士，任邢台县令。当时官场腐败，贪污成风，邢台守吏更是贪婪恶暴，强夺民财。在此环境之下，石琚却保持着清醒的头脑，他不仅不贪不占，还多次告诫别人不要贪取不义之财。他常对人说："君子求财，取之有道，怎么能利令智昏，干下不仁不义之事呢？人们都知钱财的妙处，却不闻不问不义之财所带来的隐患，这是许多人最后遭祸的根源啊。"

有人对石琚的劝告一笑置之，还嘲笑他说："世事如此，你一个人能改变得了吗？你的这些高论说来动听，实际上却全无用处，你何苦自守清贫、不识时务呢？要知无财才是大祸，你身在祸中，尚且不知，岂不遭人耻笑？切不可再言此事了。"石琚又气又怒，他当面对邢台守吏又规劝说："一个人到了见利不见害的地步，他就要大祸临头了。你敛财无度，不计利害，你自以为计，在我看来却是愚蠢至极。回头是岸，我实不忍见到你东窗事发的那一天。"邢台守吏拒不认错，私下竟反咬一口，向朝廷上书诬陷他贪赃枉法。结果，邢台守吏终因贪污受到严惩，其他违法官吏也一一治罪，石琚因清廉无私，虽多受诬陷却平安无事。

石琚官职屡屡升迁，有人便私下向他讨教升官的秘诀，石琚总是一笑说："我不想升迁，凡事凭良心无私，这个人人都能做到，只是他们不屑做罢了。"来讨教的人不信此说，认为石琚是在敷衍自己，心怀怨气，石琚见此又是一笑道："人们过分相信智慧之说，却轻视不用智慧的功效，这就是所谓的偏见吧。"

金世宗时，世宗任命石琚为参知政事，万不想石琚却百般推辞。金世宗十分惊异，私下对他说："如此高位，人人朝思暮想，你却不思谢恩，这是何故？"石琚以才德不堪作答，金世宗仍不改初衷。石琚的亲朋好友力劝石琚，他们惶急道："这是天下的喜事，只有傻瓜才会避之再三。你一生聪明过人，怎会这样愚钝呢？万一惹恼了皇上，我们家族都要受到牵连，天下人更会笑你不识好歹。"石琚面对责难，一言不发。他见众亲友喋喋不休，最后长叹说："俗话说，身不由己，看来我是不能坚持己见了。"

石琚无奈之下接受了朝廷的任命，私下却对妻子忧虑地说："树大招风，位高多难，我是担心无妄之灾啊。"他的妻子不以为然，说道："你不贪不占、正义无私，皇上又宠信于你，你还怕什么呢？"石琚苦笑道："身处高位，便是众矢之的，无端被害者比比皆是，岂是有罪与无罪那么简单？再说皇上的宠信也是多变的，看不透这一点，就是不智啊。"

石琚在任太子少师之时，曾奏请皇上让太子熟悉政事，嫉恨他的人便就此事攻击他别有用心，想借此赢取太子的恩宠。金世宗听来十分生气，后细心观察，才认定石琚不是这样的人。金世宗把别人诬陷他的话对石琚说了，石琚所受的震撼十分强烈，他趁此坚辞太子少师之位，再不敢轻易进言。

大定十八年（1178年），石琚升任右丞相，位极人臣，前来贺喜的人络绎不绝。石琚表面上虚与委蛇，私下却决心辞官归居。他开导不解的家人故旧说："我一生勤勉，所幸得此高位，这都是皇上的恩典，心愿已足。人生在世，祸在当止不止，贪心恋栈。"他一次又一次地上书辞官，金世宗见挽留不住，只好答应了他的请求。世人对此事议论纷纷，金世宗却感叹说："石琚大智若愚，这样的大才天下再无二人了，凡夫俗子怎知他的心意呢？"

石琚可谓深谙进退之道，能进能退，把握得极其有度，所以才能在官场混迹多年而屹然不倒。

提及石琚，不由让人联想到李斯，当初他贵为秦相时，"持而盈，揣而锐"，最后却以悲剧收场。临刑之时，李斯对其子说："吾欲与若复牵黄犬，出上蔡东门，逐狡兔，岂可得乎？"他临死才幡然醒悟，渴望重新返璞归真，在平淡生活中找寻幸福，但悔之晚矣。

进一步，容易；退一步，难。大多数人能成功，却不能全身而退；少数人看透功名实质，重视过程，淡看结果，终能功成身退。

懂得淡泊，让内心宁静

看淡名利，不被其诱惑，反而会拥有更广阔的天空。

在人的生活中，时间是瞬息即逝的一个点，实体处在流动之中，知觉是迟钝的，整个身体的结构容易分解，灵魂是一涡流，命运之谜不可解，名声并非根据明智的判断。一言以蔽之，属于身体的一切只是一道激流，属于灵魂的只是一个梦幻，生命是一场战争、一个过客的旅居，身后的名声也随即落入忘川。

浮生一梦，人不过是宇宙中的一个过客，当他离去的时候，身后的名声也随即落入忘川。

马可·奥勒留在《沉思录》中这样说："每个人生存的时间都是短暂的，他在地上居住的那个角落是狭小的，最长久的名声死后也是短暂的，甚至这名声也只是被可怜的一代代后人所持续，这些人也将很快死去，他们甚至不知道自己，更不必说早已死去的人了。"

在现实生活中的芸芸众生，忘记了生命的意义，忘记了这种殚精竭虑的劳碌奔波的本质目的。人活一世，草活一秋，无论是贫穷还是富有，为什么不能让自己活得洒脱一些呢？正如唐伯虎《桃花庵歌》中所写的：

桃花坞里桃花庵，桃花庵下桃花仙；
桃花仙人种桃树，又摘桃花换酒钱。
酒醒只在花前坐，酒醉还来花下眠；
半醒半醉日复日，花落花开年复年。
但愿老死花酒间，不愿鞠躬车马前；
车尘马足富者趣，酒盏花枝贫者缘。
若将富贵比贫者，一在平地一在天；
若将贫贱比车马，你得驱驰我得闲。

他人笑我太疯癫，我笑他人看不穿；
不见五陵豪杰墓，无花无酒锄作田。

唯有淡泊才能走远，唯有淡泊才能自由，唯有淡泊才能明志，也唯有淡泊，才能让内心得以宁静。

古时的隐士荣启期，穷得九十岁还没有一条腰带，用野麻搓一条绳子系腰，但他从容潇洒地弹琴。孔子的学生原宪的衣服补丁摞补丁，脚上的鞋也前后都是窟窿，可他仍然悠闲地唱歌。古希腊哲学家拉尔修，笑容一直挂在脸上，他完全没有什么享受的欲望，当他看见一个小孩在河边用双手捧水喝，喝得甜滋滋的样子，他干脆把自己仅有的一个饭碗也扔掉了。

不去掉欲望就不会知足，一个过于贪婪的人永不会满足，他将时时处在渴求和痛苦之中。一个人需要以清醒的心智和从容的步履走过岁月，他的精神中必定不能缺少淡泊。虽然我们渴望成功，渴望能在有生之年画出优美的轨迹，但我们真正需要的是一种平平淡淡的快乐生活，一份实实在在的成功。这种成功，不必努力苛求轰轰烈烈，不一定要有那种揭天地之奥秘、救万民于水火的豪情，只是一份平平淡淡的追求，这就足矣。

生活，并不是只有功和利。尽管人必须去奔波赚钱才可以生存，尽管生活中有许多无奈和烦恼。然而，只要我们拥有一份淡泊之心，量力而行，坦然自若地去追求属于自己的真实，能做到宠亦泰然，辱亦淡然，有也自然，无也自在，如淡月清风一样来去不觉。生活，便会变得轻松得多。

有了这份平淡的处世心态,你就会在简简单单的生活中快乐地生活。

也许,你没有辉煌的业绩可以炫耀,没有大把的钞票可以挥霍,但你拥有淡泊,这便是人生求之难得的幸福了。诸葛亮说:"非淡泊无以明志,非宁静无以致远。"淡泊是一种真我,是英雄本色。追求淡泊者,生活的道路上永远开满鲜花,永远芳香四溢;追求名利者,生活的道路上会遍布陷阱,只能在生命终结的一刹那体会到稍纵即逝的一丝快乐。

懂得淡泊是一种境界,也是一种姿态。若能保持这种姿态,就能在名利的追逐中保持一种神宁气静的心态,在人生的大道上迈出自信与豪迈的步伐,让心灵回归到本真状态,从而获得心灵的宁静、丰富、自由、纯净,体味人生的幸福和快乐。

恬然自得,去留无意

宠辱不惊、去留无意,淡看名利如浮云,方能心态平和,恬然自得,达观进取,笑看人生。

老子曾说过:"祸莫大于不知足,咎莫大于欲得。"对名利的过度欲望会令人陷入无法自拔的境地中,甚至丧失了自己的生命。

古今中外,为了生命的自由、潇洒,不少智者都把名利视为尘土，完全不去在意和理会。

惠施在魏国做了宰相，庄子想去见见这位好友。有人急忙报告惠子："庄子来，是想取代您的相位哩。"惠子很恐慌，想阻止庄子，派人在国中搜了三日三夜。不料庄子从容而来拜见他道："南方有只鸟，其名为凤凰，您可听说过？这凤凰展翅而起。从南海飞向北海，非梧桐不栖，非练实不食，非醴泉不饮。这时，有只猫头鹰正津津有味地吃着一只腐烂的老鼠，恰好凤凰从头顶飞过。猫头鹰急忙护住腐鼠，仰头视之道：'吓！'现在您也想用您的魏国相位来吓我吗？"惠子十分羞愧。

一天，庄子正在濮水垂钓。楚王委派的二位大夫前来聘请他："吾王久闻先生贤名，欲以国事相累。"庄子持竿不顾，淡然说道："我听说楚国有只神龟，被杀死时已三千岁了。楚王珍藏之以竹箱，覆之以锦缎，供奉在庙堂之上。请问二大夫，此龟是宁愿死后留骨而贵，还是宁愿生时在泥水中潜行曳尾呢？"二大夫道："自然是愿活着在泥水中摇尾而行啦。"庄子说："二位大夫请回去吧！我也愿在泥水中曳尾而行哩。"

庄子不慕名利，不恋权势，为自由而活，可谓洞悉幸福真谛的达人。

《清代皇帝秘史》记述乾隆皇帝下江南时，来到江苏镇江的金山寺，看到山脚下大江东去，百舸争流，不禁兴致大发，随口问一个老和尚："你在这里住了几十年，可知道每天来来往往多少船？"老和尚回答说："我只看到两只船，一只为名，一只

为利。"真可谓一语道破天机。

淡泊名利是一种境界，追逐名利是一种贪欲。放眼古今中外，真正淡泊名利的很少，追逐名利的很多。今天的社会是五彩斑斓的大千世界，充溢着各种各样炫人耳目的名利诱惑，想要做到淡泊名利确实是一件不容易的事情。

旷世巨作《飘》的作者玛格丽特·米切尔说过："直到你失去了名誉以后，你才会知道这玩意儿有多累赘，才会知道真正的自由是什么。"盛名之下，是一颗活得很累的心，因为它只是在为别人而活着。我们常羡慕那些名人的风光，可我们是否了解他们的苦衷？其实大家都一样，希望能活出自我，能活出自我的人生才更有意义。

世间有许多诱惑：桂冠、金钱，但那都是身外之物，只有生命最美，快乐最贵。我们要想活得潇洒自在，要想过得幸福快乐，就必须做到：学会淡泊名利，割断权与利的联系，无官不去争，有官不去斗，位高不自傲，位低不自卑，欣然享受清心自在的美好时光，这样才会感受到生活的快乐和惬意。否则，太看重权力地位，让一生的快乐都毁在争权夺利中，那就太不值得，也太愚蠢了。

当然，放弃名利并不是寻常人能做到的，它是经历磨难、挫折后的一种心灵上的感悟，一种精神上的升华。只有做到了宠辱不惊、去留无意，淡看名利如浮云，方能心态平和，恬然自得，达观进取，笑看人生。

第四章
放下怨恨，学会宽容

不原谅别人就是在惩罚自己

不能宽容的人损坏了他自己必须过的桥。

我们常常在自己的脑子里预设一些规定，认为别人应该有什么样的行为，如果对方违反自己的规定，就会引起我们的怨恨。其实，因为别人对我们的规定置之不理就感到怨恨，是一件十分可笑的事。有的人以为，只要自己不原谅对方，就可以让对方得到一些教训，也就是说："只要我不原谅你，你就没有好日子过。"

实际上，不原谅别人，表面上是那人受到了惩罚，其实真正受折磨的人却是自己，生一肚子窝囊气不说，甚至连觉都睡不好。这样看来，报复不仅不能让我们实现对别人的打击，对自己的内心反倒是一种摧残。

一位画家在集市上卖画，不远处，前呼后拥地走来一位大臣的孩子，这位大臣在年轻时曾经把画家的父亲欺诈得心碎而死。

这孩子在画家的作品前流连忘返，并且选中了一幅，画家却匆匆地用一块布把它遮盖住，声称这幅画不卖。

从此以后，这孩子因为心病而变得憔悴。最后，他父亲出面了，表示愿意出高价购买那幅画。可是，画家宁愿把这幅画挂在自己画室的墙上，也不愿意出售。他阴沉着脸坐在画前，自言自语地说："这就是我的报复。"

每天早晨，画家都要画一幅他信奉的神像，这是他表示信仰的唯一方式。

可是现在，他觉得这些神像与他以前画的神像日渐相异。

这使他苦恼不已，他不停地找原因。然而有一天，他惊恐地丢下手中的画，跳了起来：他刚画好的神像的眼睛，竟然像那个大臣的眼睛，而嘴唇也酷似。

他把画撕碎，并且高喊："我的报复已经回报到我的头上来了！"

可见，报复会使人疯狂，使人的心灵不能得到片刻安宁。当我们无法忘记心中的怨恨，总是想着去报复时，最终受伤害的不仅是对方，还有我们自己。

心理学专家研究证实，心存怨恨有害健康，多数疾病大多是长期积怨和过度紧张造成的。

有一位好莱坞的女演员，失恋后，怨恨和报复心理使她的面孔变得僵硬而多皱。她去找最有名的美容师为她美容。这位美容师深知她的心理状态，中肯地告诉她："如果你不消除心中的怨和恨，我敢说全世界任何美容师都无法美化你的容貌。"

乔治·赫伯特说："不能宽容的人损坏了他自己必须过的桥。"这句话的智慧在于，宽容使给予者和接受者都能受益。当真正的宽容产生时，没有疮疤留下，没有伤害，没有复仇的念头，只有愈合。宽容是一种力量，不仅能医治被宽容者的缺陷，还可以挖掘出宽容者身上的伟大之处，原谅不但是宽恕别人，更是宽容自己。唯有学会宽恕，忘记怨恨，才能抚慰我们暴躁的情绪，弥补不幸对我们的伤害，让我们不再纠缠于心灵毒蛇的咬噬，从而获得心灵的自由。

学会宽容，要做到两点。首先，我们要看到，自己原来也有很多的缺点，自己原来也有做错事的时候，自己本身并不是一个完美的人；而我们原来认为不好的人，也有一些我们没有的优点。所以，要学会看到自己的缺点，也看到别人的优点，考虑问题时要试着从对方的角度出发，以求大同、存小异，这样我们才能够善待他人，也善待自己。其次，我们得承认，自己也需要别人的宽容。

宽容别人的同时，也就把怨恨或嫉恨从自己的心中排除掉了，也才会怀着平和与喜悦的心情看待任何人和任何事，带着愉快的心情生活。所以，在生活的磨难中逐步学会宽容，能原谅他人的人，心里的苦和恨才会比较少；心胸比较开阔的人，就更容易宽容他人。

学会消除怨与恨，才能更好地给自己的心灵美容。

以超然气度去对待他人

放大自己的气量,一个人也就摆脱了名利、得失之心的困扰。

气量是一种高尚的人格修养,一种"宰相胸襟",一种成大事的大将风范。有气量的人,很少计较一城一地的得失,常得之淡然、失之泰然。有气量不仅意味着一种超然,更是一种智慧、一种胸襟。

在男子体操史上,一直流传着这样一个故事:

男子体操单杠决赛上,28岁的俄罗斯老将涅莫夫第三个出场,他在杠上一共完成了直体特卡切夫、分体特卡切夫、京格尔空翻、团身后空翻2周等连续6个精彩绝伦的空翻和腾越,非常完美,只是在落地时出现了一个小小的失误——向前移动了一步,观众把最热烈的掌声送给了他。但是裁判只给了他9.725分!此刻,体操史上少有的情况出现了:全场观众愤怒了,他们全都站起来,不停地喊着:"涅莫夫!""涅莫夫!"他们不停地挥舞手臂,用持久而响亮的嘘声,表达自己对裁判的愤怒。比赛被迫中断,第四个出场的美国选手保罗·哈姆虽已准备就绪,却只能尴尬地站在原地。

此时,已退场的涅莫夫从座位上站起来,露出了成熟的微笑,向朝他欢呼的观众挥手致意,并深深地鞠躬,感谢观众对自己的喜爱和支持。涅莫夫的大度反而进一步激发了观众对裁判的不满,嘘声更响了，很多观众甚至朝裁判伸出双手，拇指朝下，做出不文雅的鄙视动作。不同国度的观众这个时候结成了同盟，俄罗斯的、意大利的、巴西的……不同的旗帜飞舞着。

在如此巨大的压力下，裁判终于被迫重新打分，这一次涅莫夫得到了9.762分。但裁判的退让根本不能平息观众的不满，观众的嘘声反而显得更为理直气壮。重新准备开始比赛的保罗·哈姆只能僵立在原地。

这时，涅莫夫显示出了非凡的人格魅力和宽广胸襟，他重新回到心爱的单杠边，只见他先是举起强壮的右臂表示感谢观众的支持；接着伸出右手食指做出嘘声的手势，请求观众给保罗·哈姆一个安静的比赛环境；然后双手下压，要求观众保持冷静。

观众理解了涅莫夫的苦心，他们渐渐安静了，中断了十几分钟的比赛才得以继续进行。

最终，涅莫夫没有拿到金牌，但他仍然是观众心目中的"冠军"；他没有打败对手，但他以自己的气度征服了观众。他是那晚当之无愧的无冕之王，他劝慰观众的感人一幕有如大片中的经典场景，让人久久无法忘记。他的行为，捍卫了尊严；他的风度，赢得了尊敬。

这就是气量的魅力，拿得起、放得下、不计较、善爱人、能宽容。放大自己的气量，一个人也就摆脱了名利、得失之心的困扰。

评价一个人是否拥有气量，关键看三点：一是平等的待人态度，不自认为高人一等，保持一颗平常心，平视他人，尊重他人；二是宽阔的胸襟，胸怀坦荡、虚怀若谷，闻过则喜、有错就改；三是宽容的美德，能够仁厚待人、容人之过。由此，气量实际上反映了一个人的素养和品性。

要有气量，宽容他人，就必须做到互谅、互让、互敬、互爱。互谅就是彼此谅解，不计较个人得失。人都是有感情和尊严的，既需要他人的体谅，也有义务体谅他人。互让，就是彼此谦让，不计较得失。摒弃私心杂念，做到以整体利益为重，把好处让给别人，把困难留给自己，相互之间的矛盾就容易化解。争名于朝，争利于市，一事当前先替自己打算，对个人得失斤斤计较，是难以与他人和睦相处的。互敬，就是彼此尊重，不计较我高你低。尊重别人是一种美德，"敬人者，人自敬之"，尊重别人，自然会获得别人的好感和尊重。如果无视他人的存在，不尊重他人的人格，就不会有知心朋友。互爱，就是彼此关心，不计较相互间的差异，爱能包容大千世界，使千差万别、迥然不同的人和谐地融为一个整体；爱能融化隔膜的坚冰、抹去尊卑的界线，使人们变得亲密无间；爱能化解矛盾芥蒂，消除猜疑、忌妒和憎恨，使人间变得更加美好。

在与人相处中，若能以超然气度去对待他人，我们除了能收获他人的善意外，还能体现出自己的翩翩气度。

多些度量，少些计较

真正的心宽，是具有宽广的胸怀，包容清净，也包容污秽；包容爱的人，也包容恨的人；包容善良，也包容邪恶。

人生在世，对别人宽容，其实就是对自己宽容。如果对别人多一点宽容，那么，我们的生命中就多了一点空间，多了一份轻松。人生的道路上有朋友，才会有关爱和扶持，才会远离寂寞和孤独；虽然也会有敌人，但是我们也可以用宽容去温暖、融化他们。对朋友或者敌人越宽容，我们的内心也就越轻松。

寺院住持在寺院的高墙边发现一把椅子，他知道有人借此越墙到寺院外去了。住持搬走了椅子，在原地等候。午夜，外出的小和尚爬上墙，再跳到"椅子"上，他觉得"椅子"不似先前硬，软软的甚至有点弹性。落地后小和尚仔细一看，才发现"椅子"已经变成了住持！小和尚仓皇离去，这以后，他诚惶诚恐地等候着住持的发落。但住持并没有这样做，根本没提及这件事。小和尚从住持的宽容中获得启示，收住了心再没有去翻墙，通过刻苦的修炼，若干年后，成为了寺院的住持。

真正的心宽，是具有宽广的胸怀，包容清净，也包容污秽；包容爱的人，也包容恨的人；包容善良，也包容邪恶。真正的胸怀，像广袤的苍穹，容纳群星也容纳尘埃；像浩瀚的大海，容纳百川也容纳细流；更像无垠的虚空，无所不含，无所不摄。

同样，对待别人的批评时，及时压制住心中的怒火，也是一种心宽的表现，同时也能得到别人的帮助。当我们将手中的鲜花送与别人时，自己已经闻到了鲜花的芳香；而当我们把泥巴扔向其他人的时候，自己的手已经被污泥弄脏。不发怒、不暴躁、不患得患失、不受世俗牵挂，超然洒脱，才能达到高深的修持境界，获得真正的智慧。

一位女士不小心在一家整洁的铺着木地板的商店里摔倒，手中的奶油蛋糕弄脏了商店的地板，便歉意地向老板笑笑，不料老板却说："真对不起，我代表我们的地板向您致歉，它太喜欢吃您的蛋糕了！"

于是女士笑了，老板的度量打动了她，她立刻下决心"投桃报李"，买了好几样东西后才离开了这里。

是的，这就是宽容——它甜美、它温馨、它亲切、它明亮、它是阳光，谁又能拒绝阳光呢。

宽容也是前纽约州州长威廉·盖诺所坚持的信条。他被一份内幕小报消息攻击得体无完肤之后，又被一个疯子打了一枪而几乎送命。躺在医院的时候，他说："每天晚上我都原谅所有的事情和每一个人。"

紧紧抓住过去受到的伤害不放，只能给双方带来悲痛。要认识到这一点，可能需要一定的时间。被认为是引起问题的人，可能感到自己受到排斥或辱骂；坚持认为不公平的一方会长期被痛苦所折磨，并且使问题永远存在。

要做到心宽，必须具有豁达的胸怀，为人处世、待人接物时，不能对他人要求过于苛刻，应学会宽容，原谅别人的缺点和过失。要做到这一点，就要有气量，要宽宏大度。

生活在凡尘俗世，难免与人磕磕碰碰，难免遭人误会猜疑。我们的一念之差，我们的一时之言，也许别人会加以放大和责难，我们的认真、我们的真诚，也许会被别人误解和中伤。如果非得斤斤计较、睚眦必报，难免两败俱伤、没完没了，不如多些度量、少些计较，这样才能避免事态的恶化，还自己一个幸福开阔的人生。

独木桥上，先让对面的人过来

不斤斤计较是一种大度，是一种豁达；不过多与人计较的人能够容纳万物，包含太虚。

有这样一个故事：

蜗牛角上有两个国家，左角上的叫触氏，右角上的叫蛮氏，这两个国家虽然小，但经常因为争夺地盘而打仗。有一次，触氏和蛮氏又发生了战争,触氏打了胜仗,杀了好几万蛮氏的士兵。蛮氏败走逃跑了,触氏就发兵去追,追了五十多天,才得胜回来。

这个故事意在说明,很多的争斗就像蜗牛角上两个国家发生厮杀一样,从自己的小角度看来厮杀似乎惊天动地,从世界的大角度看来其实争夺的利益往往小得可笑。因此,后世便有了"蜗角虚名""蝇头微利"等成语。

世间的纷争,其实大部分都是不值一提的是非利害之争,忍一忍风平浪静,让一让海阔天空。《菜根谭》中记载:"石火光中,争长兢短,几何光阴?蜗牛角上,较雌论雄,许大世界?"意思是,在电光石火般短暂的人生中较量长短,又能争到多少光阴?在蜗牛触角般狭小的空间里你争我夺,又能夺到多大的世界呢?

我们常常认为战场上敌对的双方是"不共戴天""你死我活"的关系,其实在讲求礼仪的人心目中,谦让也不是完全没有可能的,而且当双方处于对垒关系时,一方表现适度的谦让,往往会收到意想不到的效果。古代很多军事家都擅长谦让,其中以三国时期的羊祜最为著名。

羊祜是三国时期魏国的军事家。魏国晚期,司马氏掌握了魏国的大权,后来建立了西晋。朝廷派羊祜到荆州驻军,防守东吴。羊祜在荆州驻防的时候,并不发兵骚扰吴国地界,而是非常友好地对待吴国的将领和老百姓。即使是打仗,也事先约好交战日期，不搞突然袭击。有的将领提出偷袭，羊祜就请他们喝酒，最后喝得醉醺醺的，就把偷袭的事情忘得一干二净了。

有一次，羊祜的部下在边界上抓了两个孩子，回来一问，原来是吴国两个将领的儿子。羊祜立即命人把孩子送回去，过了几天，这两个将领都带兵来归降了。羊祜见此也以礼送还，厚葬交战中阵亡的将领，时间一久，吴国的军队都知道了羊祜的好名声。

羊祜对待敌人谦让有礼，对吴国的百姓更是秋毫无犯。羊祜在吴国地界行军，收割了田里稻谷以充军粮，就根据收割的数量付钱偿还。打猎的时候，羊祜约束部下，不许超越边界线。如有禽兽先被吴国人所伤而后被自己人擒获，羊祜就下令送还对方。羊祜这些做法，使吴人心悦诚服。吴人不叫他的名字，而是尊称他为"羊公"。

羊祜的这些做法，就是在以谦和的态度对待敌人，这不仅没有让敌人痛恨自己，反而赢得了敌人的尊敬。

人间世情反复不定，昨日的高山，可能在今日就是河流；昨日的河流，可能成为今日的高山。我们行走在曲折艰难的人生路上，难免和别人在独木桥上狭路相逢，不要只想着"狭路相逢勇者胜"，逞一时之勇。要知道，退一步才能海阔天空，如果我们从桥上退回地面，让对方先行，给别人便利，这反而是让自己到达幸福的彼岸的最快方式。

打开"心"的格局

无论荣辱悲喜、成败冷暖,只要心量放大,自然能做到风雨不惊。

一个人的心量有多大,他的成就就有多大,不为一己之利去争、去斗、去夺,扫除报复之心和忌妒之念,则心胸广阔天地宽。当你能把虚空宇宙都包容在心中时,你的心量自然就能如同天空一样广大。无论荣辱悲喜、成败冷暖,只要心量放大,自然能做到风雨不惊。

从前有座山,山里有座庙,庙里有个小和尚,他过得很不快乐,整天为了一些鸡毛蒜皮的小事唉声叹气。后来,他对师父说:"师父啊!我总是烦恼,爱生气,请您开示开示我吧!"

老和尚说:"你先去集市买一袋盐。"

小和尚买回来后,老和尚吩咐道:"你抓一把盐放入一杯水中,待盐溶化后,喝上一口。"小和尚喝完后,老和尚问:"味道如何?"

小和尚皱着眉头答道:"又咸又苦。"

然后,老和尚又带着小和尚来到湖边,吩咐道:"你把剩下的盐撒进湖里,再尝尝湖水。"小和尚撒完盐,弯腰捧起湖水尝了尝,老和尚问道:"什么味道?"

"纯净甜美。"小和尚答道。

"尝到咸味了吗?"老和尚又问。

"没有。"小和尚答道。

老和尚点了点头,微笑着对小和尚说道:"生命中的痛苦就像盐的咸味,我们所能感受和体验的程度,取决于我们将它放在多大的容器里。"小和尚若有所悟。

老和尚所说的容器,其实就是我们的心量,它的"容量"决定了痛苦的浓淡,心量越大烦恼越轻,心量越小烦恼越重。心量小的人,容不得、忍不得、受不得,装不下大格局。有成就的人,往往也是心量宽广的人,看那些"心包太虚,量周沙界"的古圣大德,都为人类留下了丰富而宝贵的物质财富和精神财富。

其实,我们每个人一生中总会遇到许多盐粒似的痛苦,它们在苍白的心中泛着清冷的白光,如果你的容器有限,就和不快乐的小和尚一样,只能尝到又咸又苦的盐水。

如果说生命中的痛苦是无法自控的,那么我们唯有拓宽自己的心量,才能获得人生的愉悦。通过自己内心的调整去适应、去承受必须经历的苦难,从苦涩中体味心量是否足够宽广,从忍耐中感悟暗夜中的成长。

心量是一个可开合的容器,当我们只顾自己的私欲时,它就会愈缩愈小;当我们能站在别人的立场上考虑时,它又会渐渐舒展开来。若事事斤斤计较,便把自身局限在一个很小的框框里。这种处世心态,既轻薄了自身的能力,又轻薄了自己的品格。

心量是大还是小，全在于自己愿不愿意敞开。一念之差，心的格局便不一样，它既可以大如宇宙，也可以小如微尘。我们的心，要和海一样，任何大江小溪都要容纳；要和云一样，任何天涯海角都愿遨游；要和山一样，任何飞禽走兽都不排拒；要和路一样，任何脚印车轨都能承担。这样，我们才不会因一些小事而心绪不宁、烦躁苦闷。

第五章
放下抱怨，收获快乐

婚姻如鞋，有磨才能合

婚姻就像一双鞋子，只有经过一段时间的磨合才能合脚。

现实生活中，我们的婚姻家庭是需要经营的，而且需要用心地经营。

夫妻关系是一个家庭的基础关系，也可以称得上是家庭关系中最微妙也最难处理的一种关系。两个原本陌生、没有任何关系的人，只因情投意合，便共同构筑了一个家庭的城堡。可是，两个人毕竟来自不同的环境，拥有不同的背景，要长期地共同生活在一起，自然会产生许多摩擦与碰撞，引起各种矛盾与冲突。所以，夫妻间有一段不合拍的过程是正常的，为生活琐事拌几句嘴、小打小闹是不可避免的。这时夫妻双方应该学会忍耐，不要互相埋怨、数落对方的不是。当双方发生冲突和摩擦时，要设身处地地为对方着想，避免自己在情绪恶劣的状态下，做出伤害对方的事情来。要知道，夫妻之间的地位平等是现代家庭的理念，这也是社会中对平等自由的追求在家庭中的体现，任何一方都没有权利伤害另一方。

当婚姻出现危机时，有效的中心法则是：爱他就让他自由地生活。它告诉我们：在结婚以后，首先应学会的事，就是不干涉对方原有的那种特殊快乐的行为和方法，我们只需关注我们爱上对方的那一点就行了，对于我们不喜欢的那一面，要宽容，让其自由地发展。否则，我们就有可能成了自己婚姻的掘墓人。

夫妻在家庭中的地位是平等的，无论是在经济上还是在心理情感方面，都应如此，没有谁理所当然地高出对方一头。所以，相爱的夫妻间，不论哪一个人都不应盛气凌人地指责对方，而是应该在心理上互相接纳，在生活习性上彼此宽容。即使双方性格迥然，情趣相异，但只要相爱，彼此就会有相当大的相容性。

只有合脚的鞋才能让我们健步如飞，只有合心的生活才能让我们幸福一生。

婚姻就像一双鞋子，只有经过一段时间的磨合才能合脚。夫妻双方都不要抱怨自己找错了对象，要明白真正的金婚、银婚，大多是走过了一个漫长的磨合之路。因此，明智之举应是停止抱怨，不要让自己的婚姻埋葬了当初美好的爱情。

接受不完美的伴侣

天下没有十全十美的男女，相处久了，连上帝身上也能挑出毛病。

婚姻专家曾断言，在大多数婚姻中，导致不幸的根源是为难、责怪。

人们在结婚以前，往往会对婚后生活、夫妻关系抱有很多幻想和期望。这些幻想和期望往往不那么切合实际，例如，把自己看成是完人，认为自己的一切要求都是合理的，而对方应该绝对地符合自己的要求。例如，妻子希望丈夫文雅、强壮，在事业及家务上都很能干；而丈夫则希望妻子温柔、热情，既有学问又不超越丈夫。如果他（她）认为对方并不太符合自己的要求，就会感到失望，甚至会心灰意懒、极度沮丧。

这种失望的心情很可能由于对比而变得更加强烈。例如，妻子听说别人的丈夫家务事很能干而更加感到自己的丈夫笨拙，丈夫看到人家的妻子很会打扮而更加感到自己的妻子粗俗。

如果用这种对比来指责配偶，会使配偶更加伤心。有些夫妻在热恋中无时不在吵架，他们的爱逐渐死去；有些夫妻则采取冷战避免冲突和争论，极力压抑自己的真正感觉，结果失去与爱人接触的机会。夫妻最好能够在这两个极端间找出平衡点，尽量采用良好的沟通技巧，避免争执，也不必压抑消极的感觉和冲突的意见与欲望。

不可避免，夫妻有时意见一定会不合。意见不合并不会伤人。理性上，争论不一定是有害的，它可以是传达不同意见的对话。但实际上，大多数夫妻在争论一件事后，不到 5 分钟，又会以同样的方式为另一件事争论。他们在不知不觉间伤害彼此，一个原本无伤大雅的争论渐渐升级为战斗，那个时候他们拒绝接受或了解配偶的意见。我们与人越亲密，就越难客观地倾听他们的意见。为了保证自己受到尊重与得到肯定，我们会自动防御以抗拒他们的意见，就算同意他们的意见，我们也可能会固执地和他们争论。

伤害并不是因为我们说了什么话所造成的，而是因为我们怎么说才造成的。当男人遇到挑战时，他的注意力就会集中在对与错上而忘了表现爱，此时他体贴、尊重的沟通能力和安慰的语气自然会减退，他不知道自己的声音是多么地不体贴又有多么地伤害配偶。此时，一个单纯的意见不合可能听起来都像在攻击女人，建议也变成了命令。女人在此情况下自然会抵抗这种没有爱心的沟通方式。

男人因不体贴的说话方式伤了女人，却又告诉女人她不该难过。他误以为她是反对他的意见，却不知道是自己缺乏爱心的说话方式使她难过，他因不了解她的反应，便不知改正他的说话方式。男人如果没有意识到女人受伤害的感觉，就等于增加了她受伤害的原因，而他仍难以了解她的伤害，因为他对自己不关心人的言语声调并不敏感，因此，男人可能不知道他对配偶的伤害有多深，也不知道是因为自己说话的方式激起了她的反抗。

天下没有十全十美的男女，相处久了，连上帝身上也能挑出毛病。生活就是这样，没有想象中的浪漫，生活就是这样平淡，没必要睚眦必报，抱怨连天，当你明白了这一点，幸福也就离你不远了。

带着欣赏的眼光看待婚姻

欣赏她想让你欣赏的那部分，这就是学会欣赏的诀窍。

有一位画家其作品以运用色彩技巧非凡、富有生命气息而闻名。人们看了他的画，都说他画得活灵活现、栩栩如生。的确，他绘画技艺娴熟。他画的水果似乎在诱你取食，而他画布上开满春花的田野让你感觉身临其境，仿佛自己正徜徉在田野中，清风拂面、花香扑鼻。他画笔下的人，简直就是一个有血有肉、能呼吸、有生命的人。

一天，这位技艺出众的画家遇见了一位美丽的女士，心中顿生爱慕之情。他细细打量她，和她攀谈，越来越产生好感。他对她大献殷勤、殷勤关怀、无微不至，最终，女士答应嫁给他。

可是婚后不久，这位漂亮的女士就发现丈夫之所以对她感兴趣，原来是从艺术出发而非来自爱情，他投入地欣赏她身上的古典美时，好像不是站在他矢志终身相爱的爱人面前，而是站在一件艺术品前。

婚后不久，他就表示非常渴望把她的稀世之美展现在画布上。于是，画家年轻美丽的妻子在画室里耐心地坐着，常常一坐就是几小时，毫无怨言。日复一日，她顺从地坐着，脸上带着微笑，因为她爱他，希望他能从她的笑容和顺从中感受到她的爱。有时她真想大声对他说："爱我这个人，要我这个女人吧，别再把我当成一件艺术品来爱了！"但是她却没有这样说，只说了些他爱听的话，因为她知道他绘这幅画时是多么快乐。画家是一位充满激情、既狂热又郁郁寡欢的人，他完全沉浸在绘画中，一点都没有发现画布上的人日益鲜润美好，而他可爱模特脸上的血色却在逐渐消退。这幅画终于接近尾声了，画家的工作热情更为高涨。他的目光只是偶尔从画布移到仍然耐心地坐着的妻子身上。然而只要他多看她几眼，看得仔细些，就会注意到妻子脸颊上的红晕消失了，嘴边的笑容也不见了，这些全部被他精心地转移到画布上去了。又过了几周，画家审视自己的作品，准备做最后的润色——嘴巴上还需用画笔轻轻抹一下，眼睛还需仔细地加点色彩。

女士知道丈夫即将完成他的作品了，当画家画完最后一笔时，倒退了几步，看着自己巧手匠心在画布上展示的一切，画家欣喜若狂！他站在那儿凝视着自己创作的艺术珍品，不禁高声喊道："这才是真正的生命！"说完他转向自己的爱人，却发现她已经死了。

婚姻不是工作，画家忘记了在婚姻中他是丈夫，而那所谓的欣赏却最终成了妻子的恨。欣赏她想让你欣赏的那部分，这就是欣赏的诀窍。她对你展现出柔情妩媚、风情万种，你就应该欣赏并赞美她的柔情；她对你表示出关心关爱，你就要赞美和欣赏她的细心体贴；她对你宽容，你就要不失时机地夸奖她的雍容大度……

婚后生活的幸福度有一个边际效用递减的过程。男女组成家庭后，对另一半早已熟悉，新鲜感逐渐褪去。随着年龄增长，家庭的经济收入越来越稳定，越来越容易寻求新的刺激，不再需要"共患难"的夫妻，感受不到对方存在的重要性了。

在众多琐事的背后，多想想他（她）对你的关心，婚姻毕竟不是一朝一夕的事情，虽然它表面上是平凡、单调的，可是个中滋味又有几人知道？从现在开始，欣赏你的另一半，你的婚姻就能增色不少，它可以帮助你们恢复以往的温馨平静，当然这中间也需要理解与包容的鼎力相助。

婚姻需要信任的滋润

猜疑能使爱情之苗枯萎、爱情之花凋谢，它是婚姻、交友的大敌。

婚姻是株娇嫩的植物，除了需要用爱心和忠诚去灌溉之外，更需要信任甘露的滋润，相信你的爱人，既是对自身的肯定，更是对对方一种无言的鼓励，在家庭生活中，你在信任对方、给对方自由的同时，也给了你的婚姻以呼吸的空间。而猜疑只能让好好的家庭产生裂隙，也会让苦心经营的情感毁于一旦。

古往今来，爱人之间由于无端的猜疑曾经造成了多少悲剧啊。《茶花女》中的阿尔芒和玛格丽特以及《看不见的创伤》中男女主人公的悲剧，不是都笼罩着猜疑的阴影吗？莎士比亚的名剧《奥赛罗》更是淋漓尽致地揭示了猜疑的后果：国王女儿苔斯德蒙娜不顾父命，坚贞不渝地追求黑奴出身的将军奥赛罗，奥赛罗也异常爱这个美丽多情的妻子。可是他听信了尼亚古别有用心的谗言，一怒之下竟然杀死了爱妻。最后真相大白，奥赛罗痛悔交加，便自刎在妻子的尸体旁。一对经历百般磨难才结成良缘的美满夫妻竟这样双双惨死了，这是多么令人惋惜的事情。

有人把猜疑比作鸩酒、砒霜，它能使爱情之苗枯萎、爱情之花凋谢，它是婚姻、交友的大敌。如果年轻的女主人在丈夫外出返家时，言中带怒、行中含怨、心怀猜疑，那会使自己的丈夫感到他在外面的生活更自由、更随意、更无拘无束些，甚至会觉得他的家庭伴侣成了他行动的绊脚石。那么，最终会使她失去自己的丈夫，至少在感情上走向分裂。

那么怎样才能不被猜疑牵着鼻子走呢？

首先，加深了解，充分信任。了解是互相信任的基础。有一位被观众熟知的电影演员，据说追求他的女孩子很多，有的痴情姑娘还专门站在制片厂门外等他。单位里有人不免替他妻子担心，谁知他妻子听了以后，淡然一笑，不介意地说："我了解他。"他的妻子为什么能如此坦然呢？就是因为她太了解自己的丈夫了，知道他的品性，深知他的为人，坚信他不是那等轻薄之徒。所以，她自然也就没有烦恼了。

其次，心胸开阔一些，宽容大度，不要轻信传闻，庸人自扰。有些猜疑根本是没有缘由的，有的是误会，有的纯粹是捕风捉影，有的则是小题大做。正如鲁迅先生所说的："见一封信，疑心是情书了；闻一声笑，以为是怀春了；只要男人来访，就是情夫；为什么上公园呢，只该是赴密约。"要知道，在社会中一个人除了和自己的恋人交往以外，还要工作、学习、还有自己的社交领域。在对方进行这些正常活动时，不能无端怀疑、责怪。否则，就有"庸人"之嫌了。

最后，要开诚布公。有话说在当面，有了嫌隙及时弥补。有些猜疑纯属误会所致，一旦把话说开，把事情弄明白，误会当可消释。否则，有话不说，闷在心里，隔阂会越来越深。

由上可知，经营婚姻最重要的是自信与及时沟通，当然也有建立在高度信任基础上的幸福的婚姻，列宁和他的妻子克鲁普斯卡娅就有一条协定——互不盘问。这是维系和发展爱情的重要保证。

现实生活中当丈夫感到他与小伙子们和工友们在一起更为有兴趣的时候，当丈夫感到与他的朋友们到室外、到大自然中游玩比他待在家中和妻子做伴更能感受到生活美的时候，作为妻子应十分沉稳地、理智地对待和处理，这样丈夫才会有被信任的温暖，对妻子充满感激之情，并用自己的实际行动回报、保护这样良好的氛围，由此巩固婚姻之城。

第六章
放下贪念，知足常乐

心中存善念，不做贫穷的富人

金钱能够带来物质上的享受，却也在无形中阻隔了个人心灵世界的丰富。

对待金钱必须拿得起放得下，赚钱是为了活着，但活着绝不是为了赚钱。假如人活着只把追逐金钱作为唯一的目标和宗旨，那人将是一种可怜的动物，人将会被自己所制造出来的这种工具捆绑起来，被生活遗弃。因为金钱并不是唯一能够满足心灵的东西，虽然它能为心灵的满足提供多种手段和工具，但在现实生活中，你却不能只顾享受金钱而不去享受生活。享受金钱只能让自己早日堕落，而享受生活却能够使自己不断品尝幸福；享受金钱会让自己被金钱的恶魔无情地缠绕，让自己的生活主题只有"金钱"二字，整天为金钱所困惑，为金钱而难受，为金钱而痛苦，生活便会沦为围绕一张钞票而上演的闹剧。

如果不能很好地去把握和控制金钱，那么，钱越多，对于我们而言则害处越大。因此，我们必须明白：要做金钱的主人，而不是金钱的奴隶。要知道：金钱并不是生活的全部，生活中有比金钱更贵重的东西。

一个有钱的人，可以用金钱买到胭脂、水粉，却买不到气质；可以用金钱买到山珍海味，却买不到食欲；可以用金钱买到华美服饰，却买不到美丽；可以用钱买到舒适床铺，却买不到睡眠；可以用钱买到书本，却买不到智慧；可以用钱买到酒肉朋友，却买不到患难之交；可以用钱买到别墅豪宅，却买不到幸福家庭。

金钱能够带来物质上的享受，却也在无形中阻隔了个人心灵世界的丰富。

暴雨刚过，道路上一片泥泞。一个老太太到寺庙进香，一不小心跌进了泥坑,浑身沾满了黄泥,香火钱也掉进了泥里。她不起身,只是在泥里捞个不停。一个一向以慈悲为名的富人刚好坐轿从此经过,看见了这个情景,想去扶她,又怕弄脏了自己身上的衣服,于是便让下人去把老太太从泥潭里扶出来,还送了一些香火钱给她。老太太十分感激,连忙道谢。

一个僧人看到老太太满身污泥,连忙避开,说道:"佛门圣地,岂能玷污?还是把这一身污泥弄干净了再来吧!"

瑞新禅师看到了这一幕,径直走到老太太身边,扶她走进大殿,笑着对那个僧人说:"旷大劫来无处所,若论生灭尽成非。肉身本是无常的飞灰,从无始来,向无始去,生灭都是空幻一场。"

僧人听禅师这样说,便问道:"周遍十方心,不在一切处。难道连成佛的心都不存在吗?"

瑞新禅师指指远处的富人,嘴角浮起一抹苦笑:"不能舍、不能破,还在泥里转!"

那个僧人听了禅师的话,顿时感到无比惭愧,垂下了眼帘。

瑞新禅师回去便训示弟子们:"金钱珠宝是驴屎马粪,亲身躬行才是真佛法。身躬都不能舍弃,还谈什么出家?"

心存取舍,则有邪见与妄行。凡成就大事之人,无不是心中存善念,行善事者。像故事中的富人,舍不得一身皮囊,身价百万又如何?富人的慈悲不应该仅仅是金钱上的施舍,还应该包括心灵上的布施,既是对他人的关爱,也是对自己的成全。当我们拥有财富时,与其握着拳头,只能看到掌中的世界,不如摊开手掌,欣赏整个浩瀚的天空,才不至于财富压身,成为贫穷的富人。

克制己欲，拒绝不需要的东西

世间人都有欲，当利欲熏心时，就是欲火焚身了。

人的欲望像个无底的黑洞，永远没有填满的一天。一个人即使拥有了亿万财富，如果心被贪欲驱使，那么生活依旧享受不到富足的快乐。

一只老鼠不小心掉进了一个盛得半满的米缸里。这飞来的口福老鼠岂能放过？于是它开心地大吃了起来，一顿饱食后倒头便睡。不知不觉中老鼠在米缸里已过了好长一段时间，米也越来越少了，虽然有时它也想跳出去算了，可是眼瞅着还剩下这么多的白米，嘴里便直痒痒，真舍不得离开。所以它不断安慰自己吃完这顿再说，直到有一天米缸见了底，老鼠才惊觉缸底到缸口的高度无论如何已是难以企及，它很难跳出去，更要命的是，此时它已胖得如一只笨拙的小肥猫，几乎没有什么弹跳力了。

此时，它面临的只有两种不幸的结局：要么成为屋子主人的棒下鬼，要么饿死在米缸中。

老鼠的贪欲最终害了自己，那么我们现实生活中又有多少这样的"米"的诱惑呢？如果我们不能看清名利背后的可怕陷阱，或是看清了却无法按捺一时的欲望，无法让自己及时地跳出来，那么结果就同那只老鼠一样——每满足一次欲望，就会离毁灭近一步，直至陷入绝境，无法跃出。

在我们的生活中，欲望就如海水一般，给人以致命的诱惑和吸引，但是到后来是越喝越渴，直到陷入绝境。对于红尘中人来说，身边很多东西的诱惑实在太大了。我们的欲望暂时得到满足后，接踵而来的则是更深切、更大的欲望，欲望无止境，只有人们学会满足现状，才不会让欲望控制自己。

有一天，苏格拉底的几位学生怂恿他去热闹的集市逛一逛。他们七嘴八舌地说："集市里的东西可多了，有很多好听的、好看的和好玩的，有数不清的新鲜玩意儿，衣、食、住、行各方面的东西应有尽有。您如果去了，一定会满载而归！"他想了想，同意了学生的建议，决定去看一看，于是，在集市上苏格拉底认真地转了几圈，最后竟然是空手而归。

第二天，苏格拉底一进课堂，学生们便立刻围了上来，热情地请他讲一讲集市之行的收获。他看着大家，停顿了一下说："此行我的确有一个很大的收获，就是发现这个世界上原来有那么多我并不需要的东西。"

随后，苏格拉底说了这样的话："当我们为奢侈的生活而疲于奔波的时候，幸福的生活已经离我们越来越远了。幸福的生活往往很简单，比如最好的房间，就是必需的物品一个也不少，没用的物品一个也不多。做人要知足，做事要知不足，做学问要不知足。"

幸福要由自己定义，不能因为无关紧要的外界因素影响了自己的判断，而胁迫到自己原本的思维方式。幸福很简单，追求自己所需要的，对于那些非必需的物品尽量不要，仅此而已。

世间人都有欲，当利欲熏心时，就是欲火焚身了。

在对欲望的追逐中，人们迷失了本性，成了欲望的奴隶和俘虏。殊不知，追求欲望，难得返自由。太爱这个世界表面的那些浮华，就会让自己被浮华禁锢捆绑，天天戴着假面具，久而久之就会忘记自己的真实面目。这样的生命看似很热闹，但实质上是可悲又可怜的。

克制自己的欲望，寻找属于我们自己的自由，不仅是身体的自由，更是心灵的自由。

为欲望减减"肥"

许多人为了想得到更多的东西，把现在所拥有的也失去了。

人生的沮丧很多时候都是因为得不到想要的东西。我们每天都在奔波劳碌，每天都在幻想填平心里的欲望，但是那些欲望却像是反方向的沟壑，我们越是想填平，它就向下凹得越深。

年轻的时候，艾莎比较贪心，什么都追求最好的，拼了命想抓住每一个机会。有一段时间，她手上同时拥有13个广播节目，每天忙得昏天暗地，她形容自己："简直累得跟狗一样！"

事情都是有两面性的，所谓有一利必有一弊，事业愈做愈大，压力也愈来愈大。到了后来，艾莎发觉拥有更多、更大不是乐趣，反而是一种沉重的负担。她的内心始终有一种强烈的不安全感笼罩着。

1995年"灾难"发生了，她独资经营的传播公司被恶性倒账四五千万美元，交往了7年的男友和她分手……一连串的打击直奔她而来，就在极度沮丧的时候，她甚至考虑过结束自己的生命。

在面临崩溃之际，她向一位朋友求助："如果我把公司关掉，我不知道我还能做什么！"朋友沉吟片刻后回答："你什么都能做，别忘了，当初我们都是从'零'开始的！"

这句话让她恍然大悟，也让她勇气再生："是啊！我们本来就是一无所有，既然如此，又有什么好怕的呢？"就这样念头一转，没有想到在短短半个月之内，她连续接到两笔很大的业务，濒临倒闭的公司起死回生。

历经这些挫折后，反而让艾莎体悟到人生无常的一面，费尽了力气去强求，虽然勉强得到，最后也留不住；反而是一旦放空了，随之而来的将是更大的能量。

她学会了"舍"。为了简化生活，她谢绝应酬，搬离了150平方米大的房子，索性以公司为家，挤在一个10平方米不到的空间里，淘汰不必要的家当，只留下一张床、一张小茶几，还有两只做伴的狗儿。

艾莎赫然发现，原来一个人需要的其实是那么有限，许多附加的东西只是徒增无谓的负担而已。

人人都有欲望，都想过美满幸福的生活，都希望丰衣足食，这是人之常情。但是，如果欲望过度，变成无止境的贪婪，那我们就在无形中成了欲望的奴隶了。

在欲望的支配下,我们不得不为了权力、为了地位、为了金钱而削尖了脑袋向里钻。我们常常感到自己非常累,但是仍觉得不满足,因为在我们看来,很多人比自己的生活更富足,很多人的权力比自己大。所以我们别无出路,只能硬着头皮往前冲,在无奈中透支着体力、精力与生命。

扪心自问,这样的生活,能不累吗?被欲望沉沉地压着,能不精疲力竭吗?静下心来想一想:有什么目标真的非让我们实现不可?又有什么东西值得我们用宝贵的生命去换取呢?

伊索说过："许多人为了想得到更多的东西，把现在所拥有的也失去了。"这是对得不偿失最好的诠释。无尽的欲望只会让我们失去更多，而不是获得自己真正想要的。

适当地修剪一下自己的欲望吧，别再让那些不必要的贪念支配我们的生活，让我们就那么不经意地错过了生命的花期。

用淡泊梳理生活，用宁静安抚心情

淡泊是一种心态、一种胸怀，宁静是一种境界、一种品格。

一个青年苦于现实生活的郁闷、惆怅，情绪非常低落，于是便到庙里走一走。到了寺院，但见寺庙里香客不断，檀香馥郁。再看香客们的脸，一张张都写满坦然、从容、镇定，他有些迷惑：莫非佛门真乃净地，果真能净化众生的心灵？流连于寺院中，但见一位在枯树下潜心打坐的佛门老者，那入迷之态令他止住了脚步。走近细看，老者那面露慈祥却心纳天下的表情强烈地震撼了他——原来一个人能超然物外地活着是如此美好！

他悄然坐在了老者身边，请求老者开示。他向老者谈了他心中的苦痛，老者拈须而笑，铿锵而悠长地说："我送你一句佛语吧。"老者一字一顿说的是："爱出者爱返，福往者福来！"青年幡然醒悟！听佛门一偈语，胜读十年书啊！

如果芸芸众生都能明白这个道理，这个世界岂不成了人间净土，又何来那么多的失意、忧烦、痛苦啊？

诚然，这个世界我们无力改变，但心是我们自己的，心境不同，看物与景的感觉自然不同。焦躁疑虑的人看到的是毫无生命光泽的枯草，而志定心安的人方可见云卷又云舒。"爱出者爱返，福往者福来"便是这样的道理。

很多时候，客观事物的改变只是由于自身心境的变迁，"心中有快乐，所见皆快乐"，若以宁静而无杂念的心去看世界，虽然它并没有变样，但你却能享受到那份平淡中的永恒。这时你再回头站在局外看不过短短几十年的人生，会发现它只是宇宙的一次呼吸而已，那些凡尘琐事真如过眼云烟般不值一提，有如此豁达的心境为伴，看问题便高人一筹，也会少很多口舌之争、劳神之苦。

诸葛亮五十四岁时写给他八岁儿子诸葛瞻的《诫子书》中说："非淡泊无以明志，非宁静无以致远。"意思是一个人在社会中生活，若淡泊名利，便可以真正明确自己的志向，若心无旁骛地投入某项你所钟爱的事业中，便可以实现远大的目标。这是诸葛亮一生的真实写照，亦是我们后人谨遵的警示名言。为世俗名利所困扰，就算成功了，得到的也只是物质丰裕的快感，缺少"闲居无事可评论，一炷清香自得闻"的那派悠然，按照诸葛亮所说的，我们若喜欢一件事物，沉下心来好好地投入，研究它、发展它，把功名等泛泛之事都抛之脑后，终有一天，你收获的除了兴致，还有成功。

拉尔夫是一位国际著名的登山家，他曾经在没有携带氧气设备的情况下，成功地征服了多座高峰，这其中还包括了世界第二高峰——乔戈里峰。其实，许多登山高手都以不带氧气瓶而能登上乔戈里峰为第一目标。但是，几乎所有的登山好手来到海拔6500米处就无法继续前进了，因为这里的空气变得非常稀薄，几乎令人感到窒息。因此，对登山者来说，想靠自己的体力和意志，征服海拔8611米的乔戈里峰峰顶，确实是一项极为严峻的考验。

拉尔夫却突破障碍做到了，他在登顶成功举行的记者招待会上，说出了这一段历险的过程。拉尔夫说，在突破海拔6500米的登山过程中，最大的障碍是心里各种翻腾的欲念。在攀爬的过程中，任何一个小小的杂念，都会让人意志松懈，转而渴望呼吸氧气，慢慢地让人失去冲劲与动力，而"缺氧"的念头也会开始产生，最终让人放弃征服的意志，不得不接受失败。

拉尔夫说："想要登上峰顶，首先，你必须学会清除杂念，脑子里杂念愈少，你的需氧量就愈少；你的欲念愈多，你对氧气的需求便会愈多。所以，在空气极度稀薄的情况下，想要登上顶峰，你就必须排除一切欲望和杂念！"

排除一切欲望和杂念，保持身心安定、清净、祥和。身心清净，没有欲望和杂念的干扰，能量的消耗就会降到最低限度。

可见淡泊、宁静并非陶渊明式的消极避世，反之，这是一种积极的进取，只是前进的途径不一样而已，就像中国的太极功夫，它最大的特点是以静制动、积柔成刚，就是把柔韧的力量积攒到一定的强度，再以此击败对方。而这里说的是，你在行路的过程中，不急功近利，心态平和，以超然的心境过生活，生活才能有条不紊，安然前进。从这个角度来看，它们之间是相通的，这就像万事万物到了一定的高度都殊途同归一样。

淡泊是一种心态、一种胸怀，宁静是一种境界、一种品格。大凡真正淡泊宁静之人，皆能摒弃个人得失，能做到此点实属不易，但若是有远大的理想又乐于奉献的人，有宁静与淡泊一路相伴，他的生命必然充实稳健。

心淡如水，寡欲则明

有时，得而复失，失而复得，幻想破灭，空欢喜一场，这都是快乐的过渡和转化。

私心、贪婪，常使人跌倒，重重地跌在自己恶念的祸害里。丹尼·罗德克说："世界上几乎所有大宗教都有着一条戒律，就是反对贪婪。在现实生活中，我们常可听到人们用鄙夷不屑的口吻说出贪得无厌、贪心不足、贪婪成性等贬斥贪婪的词汇来。"人性中的贪婪总是能被轻易而彻底地激发起来，当金钱成为人的目的，一个小小的谎言都能让人上当，贪婪也就在此刻开始牢牢地控制住人了。

《伊索寓言》里讲述了这样一则故事：

有一次，孙子和祖父进林子里去捕野鸡。祖父教孙子用一种捕猎机，它像一只箱子，用木棍支起，木棍上系着的绳子一直接到他们隐蔽的灌木丛中。野鸡受撒下的玉米粒的诱惑，一路啄食，就会进入箱子，只要一拉绳子就大功告成了。

他们支好箱子藏起不久，就有一群野鸡飞来，共有9只。大概是饿久了的缘故，不一会儿就有6只野鸡走进了箱子。孙子正要拉绳子，可转念一想，那3只也会进去的，再等等吧。等了一会儿，那3只非但没进去，进去的6只反而走出来3只。

孙子后悔了，对自己说，哪怕再有一只走进去就拉绳子。接着，又有两只走了出来，如果这时拉绳，还能套住一只。但孙子对失去的好运不甘心，心想着还会有些野鸡要进去的，所以迟迟没有拉绳。

结果，连最后那一只也走了出来。孙子一只野鸡也没有捕到。

贪婪是欲望无止境的一种表现，它让人永不知足。捕野鸡的孙子，就是因为贪婪，想得到更多，最后却把现在所拥有的也失掉了。

"祸莫大于不知足。"这是老子《道德经》中的名言。孟子说："养心莫善于寡欲。其为人也寡欲，虽有不存焉者，寡矣；其为人也多欲，虽有存焉者，寡矣。"两者说的都是知足常乐的道理。

人生的快乐不在于他得到了多少，而在于他是否懂得享受自己所拥有的。我们日常奔波劳碌努力地为自己赚取更多，这原本无可厚非，也是一种正常的心理，但同时我们要有一颗感恩知足的心，珍惜已经拥有的，从贪欲中解脱出来，这样才能够获得更多的快乐。

而世上各种幸福的人,都有一个共同的特点便是知足,只有知足才能常乐,我们应该感恩自己当下所拥有的一切。

事实上,我们所拥有的并不少,只是因为欲望太多而使自己不满足,甚至憎恨别人所拥有的或期望比别人拥有更多,以致心里产生忧愁、愤怒和不平衡。欲望太多,就会导致心理贫穷。在人类历史发展的过程中,贪婪完全可以说是人类最大的敌人。

托尔斯泰说:"欲望越少,人生就越幸福。"同理,也可以说欲望越多,就越容易致祸。生活中,我们一定要减少欲望,懂得舍弃,只有这样才能从贪婪中解脱,从而获得心灵的安宁。

第七章
放下浮躁，心安身安

成功要耐得住寂寞

在人生的道路上，即使我们的希望一个个落空了，我们也要坚定，要沉着，要知道成功永远属于那些耐得住寂寞的人。

成功需要耐得住寂寞，所谓"论至德者不和于俗，成大功者不谋于众"，意思是至高无上之道德者，是不与世俗争辩的；而成就大业者，往往是不与老百姓合谋的。成就大业者在其创业初期，都是能耐得住寂寞的，古今中外，概莫能外。门捷列夫的化学元素周期表的诞生、居里夫人发现镭元素、陈景润在哥德巴赫猜想中摘取桂冠等，都是他们在寂寞、单调中，沉得住气，扎扎实实做学问，在反反复复冷静思索和无数次实验中获得的成就。

成就事业要能忍受孤独、平心静气，这样才能深入"人迹罕至"的境地，汲取智慧的甘泉，如果过于浮躁，急功近利，就可能适得其反，劳而无功。

小威和孙博同时被一家汽车销售店聘为销售员，同为新人，两人的表现却大相径庭：小威每天都跟在销售前辈身后，留心记下别人的销售技巧，学习如何销售更多的汽车，积极向顾客介绍各种车型，没有顾客的时候就坐在一边研究、默记不同车款的配置；孙博则把心思放在了如何讨好领导上，掐算好时间，每当领导进门时，他就会装模作样地拿起刷子为车做清洁。

一年过去了，小威潜心业务，能力不断提升，终于得到回报，不仅在新人中销售业绩遥遥领先，在整个公司的业务中也名列前茅，得到了老板的特别关注，并在年底被提升为销售顾问。孙博却因为没有把公关特长用在工作上，出不了业绩，甚至好几个月业绩不达标而濒临淘汰，部门领导也因此冷落了他。孙博在公司的地位岌岌可危，不久便离职了。

其实，做演员很累，因为很容易被揭穿。我们在表演忙碌的时候很累，劳动量不亚于实际做些工作。因此，我们与其把大部分时间放在表演上，还不如真真正正做点事情。与其辛苦表演最后却换来竹篮打水一场空的结果，倒不如一开始就端正态度，沉住气，扎扎实实做事，这样我们在为公司创造业绩的同时，自己的能力与价值也得到了提升，今后要想谋求大的发展也就相对容易了。

庄子说："虚静恬淡，寂寞无为者，天地之平，而道德之至也。"持重守静乃是抑制轻率躁动的根本。浮躁太甚，会扰乱我们的心境，蒙蔽我们的理智，所谓"言轻则招扰，行轻则招辜，貌轻则招辱，好轻则招淫"，浮躁是为人之大忌。要想成就一番功业，就该戒骄戒躁，脚踏实地，扎扎实实地积累与突破，这样才能在人生路上走得稳，并且走得远。

相对唱高调，凡事讲究"惊天动地""轰轰烈烈"的姿态，低姿态的进取方式往往能够取得出奇制胜的效果。老子说："轻率就会丧失根基，浮躁妄动就会丧失主宰。"缄默沉静者，大用有余；轻薄浮躁者，小用不足。

做人切忌浮躁、虚荣、好高骛远，而应沉下心来，守住内心的宁静，淡泊名利，踏实求进。我们无论在工作中还是在生活中，都应该静下心来深入钻研，"见人所不能见，思人所不能思"，其结果也必然是成人所不能成。

因此，在人生的道路上，即使我们的希望一个个落空了，我们也要坚定，要沉着，要知道成功永远属于那些耐得住寂寞的人。

修为内在，成就外在

意粗性躁，一事无成；心平气和，千祥骈集。

大家都知道季羡林是"国宝"级的大师，但他毫无架子，对下属、对助手、对学生关怀备至，博大无私。正因如此，季先生赢得了校内外乃至全国广大师生的崇敬。有一篇写的关于季老的真实故事：

在北大新生入学的时候，一位学生因为身边的行李太多不好随身携带，因此把行李托付给一位老人。这位学生自己跑去新生报到处了，由于学生众多，等他把一切手续都办好后，他才发现时间已经过了很久，但是当他回来的时候那位老人依旧在原地等待，他感谢了老人，却忘记询问老人的名字。

新生开学后不久要举行开学典礼，让这位新生惊讶的是，走上来致辞的副校长不就是那天帮自己看东西的老人吗？至此，他才明白原来那是季老。

学问深处意气平。一个人的成就是他才能的外显。内在有修为，才能够外在有成就。平易随和才是真正的大家风范。

《格言联璧》中有一句话，叫"意粗性躁，一事无成；心平气和，千祥骈集"。心浮气躁事必难成。现实生活中，尤其是一些年轻人，渴望成就，却吝于成长，渴望卓越，却不能甘于平凡。他们不知道机遇来自自我提升，作为来自内在修为，一进公司就想要好的岗位和机遇,却认识不到自我差距。等到职业的"新鲜期"一过,就陷入浮躁的情绪中,轻则消极怠工,重则跳槽走人,这实在是很可惜的事情。

联想集团培养人才有一个方法叫作"缝鞋垫"与"做西服"。柳传志认为,培养一个战略型人才和培养一个优秀的裁缝是一样的道理,一开始不能给他一块上等毛料去做西服,而是应让他从缝鞋垫做起。不能操之过急,要一个一个台阶爬上去,最后才能做出好的西服。

杨元庆在1988年中国科技大学研究生毕业后来到联想,从推销员干起,两年后做了一个不很重要的业务部经理,之后才调到最重要的微机事业部做总经理。在微机事业部他带领一群人拼搏,使联想计算机的市场份额在两年间获得了大的飞跃,1996年更是在中国计算机市场上一马当先,令许多同行业厂家刮目相看。

郭为在1988年研究生毕业后进入联想集团,是联想集团第一位有MBA学位的员工。他先后做过总裁秘书、公关部经理,一年后成为集团办公室的主任经理。在以后的5年里,他做过业务部门的经理、企划部的总经理,负责过财务部门的工作,后担任神州数码的领导。1994年郭为被派到广东惠州联想集团新建的生产基地,担起创业的重任,之后又被派往香港联想负责投资事务。1997年3月他又负责联想科技公司的成立工作,之后成功地完成了公司代理业务的整合。岗位变动频繁,每一次都是不同类型的业务。这期间他也有过失误，也曾在全体员工大会上做过检讨，可以说经受过了"无情"的捶打与磨炼，到了今天，他已经是神州数码的总裁。

与1979年后诞生的一些新型企业相比，联想这种稳扎稳打、步步为营的人才培养的做法与耐心是极其少见的。今天联想能够有那么多位年轻的总经理领军作战，这种令人振奋的局面，从根本上与20世纪80年代末就开始的人才策略是分不开的。

只有在当前的工作中不断地磨砺和完善自己，才能够再在日后担当大任。《礼记·大学》中，有"止于至善"的说法，做工作和追求学问是一样的，都要有"止于至善"的精神，不断磨砺自己，精益求精，自满只会让自己故步自封。

有一次，孔子带领众弟子去参观鲁桓公的庙宇，发现了一种叫作"溢满"的容器，这种圆形容器倾斜而不易放平。孔子不解地问守庙人，守庙人说："这是君王放置在座位右边的一种器具。当它空着的时候就会倾斜，装入一半水时就正立着，灌满了就翻倒过来。"

于是孔子就回头叫一个弟子往容器内灌水，果然是在水灌满的时候容器就翻倒过来了。孔子感慨地说："不错！哪有满而不翻的道理呢！"针对这种现象，孔子又趁机向弟子们讲述了一番做人的道理，即做人一定要谦虚，不能骄傲自满，要像大地一样低调沉稳、承载万物，像大海一样虚怀若谷、容纳百川。

当一个人觉得自己不需要提高的时候，就好像被灌满的容器一样，马上就要倾倒了，自满是一个人成长路上最大的阻碍。

我们应当做的就是保持一颗谦虚的心，唤醒自己内心深处对学习的渴望，在工作中不断提升自我，用持续的成长，带给自己持续的成功。同时，在生活中，保持一颗谦虚淡然的心，唤醒自己内心深处的宁静，在生活中不断提升自我。

静心过滤浮躁，留守安宁

在深沉的冥想中，我们的心灵是静止、宁静而澄净的。这是我们童稚时期的天真状态，借此我们才知道自己是谁，以及生命的目的是什么。

心静，则万物莫不自得；心动，则事象差别现前。如何达到动静合一的境界，关键就在于我们的心是否能去除差别妄想。抛却心中的妄念，能够于利不趋，于色不近，于失不馁，于得不骄，进入宁静致远的人生境界。

心静可以沉淀出生活中许多纷杂的浮躁，过滤出浅薄、粗率等人性的杂质，可以避免许多鲁莽、无聊、荒谬的事情发生，不轻易起心动念，如此才能达到"心静则万物莫不自得"的境界。

约翰是一家大型航空公司的经理。一次偶然的邂逅让他学会了一种"坐在阳光下"的艺术，这让他第一次能够在忙碌的生活中找回宁静的心境。下面是他对这段宝贵体验的回顾：

在一个2月的早晨，我正匆匆忙忙走在加州一家旅馆的长廊上，手上满抱着刚从公司总部转来的信件。我是来加州度寒假的，但是仍无法逃脱我的工作，还是得一早处理信件。当我快步走过去，准备花两个小时来处理我的信件时，一位久违的朋友坐在摇椅上，帽子盖住他部分眼睛，他把我从匆忙中叫住，用缓慢而愉悦的南方腔说道："你要赶到哪儿去啊，约翰？在我们这样美好的阳光下，那样赶来赶去是不行的。过来这里，好好'嵌'在摇椅里，和我一起练习一项最伟大的艺术。"

这话听得我一头雾水，问道："和你一起练习一项最伟大的艺术？"

"对，"他答道，"一项逐渐没落的艺术。现在已经很少人知道怎么做了。"

"噢，"我问道，"请你告诉我那是什么？我没有看到你在练习什么艺术啊。"

"有哦！我有。"他说道，"我正在练习'坐在阳光下'的艺术。坐在这里，让阳光洒在你的脸上，感觉很温暖，闻起来很舒服。你会觉得内心很平静。你曾经想过太阳吗？"

"太阳从来不会匆匆忙忙，不会太兴奋，它只是缓慢地恪尽职守，也不会发出嘈杂声——不按任何钮，不接任何电话，不摇任何铃，只是一直洒下阳光，而太阳在一刹那所做的工作比你加上我一辈子所做的事还要多。想想看它做了什么。它使花儿开，使大树长，使地球暖，使果蔬旺，使五谷熟；它还蒸发了水,然后再让它回到地球上来,它还使你觉得有'平静感'。"

"我发现当我坐在阳光下,让太阳在我身上作用时,它洒在我身上的光线给了我能量。这是我花时间坐在阳光下的赏赐。

"所以请你把那些信件都丢到角落去,"他说道,"跟我一起坐到这里来。"

我照做了。当我后来回到房间去处理那些信件时,我几乎一下子就完成了工作。这使我还留有大部分的时间来做度假的活动,也可以常"坐在阳光下"放松自己。

内心的平静是智慧的珍宝,它和智慧一样珍贵,比黄金更令人垂涎。拥有一颗宁静之心,比那些汲汲于赚钱谋生的人更能够体验生命的真谛。

如今,越来越多的人开始学习追求内心的平静。冥想和静思已经成为一种时尚。他们通过各种沉思冥想训练自己,让注意力在宇宙间飘浮,不被焦虑所困。

伊斯华伦在他的书《征服心灵》中说:"在深沉的冥想中,我们的心灵是静止、宁静而澄净的。这是我们童稚时期的天真状态,借此我们才知道自己是谁,以及生命的目的是什么。"

生活中,有千千万万个像约翰一样忙于工作而无暇自顾的人。在这种时候,我们就应该考虑是否该独处一段时间了。我们可以找一个时间让自己静一静,将宁静从自己的心中重新找回来。每天花点时间进行静思。这种练习能使你的精神活动放慢。一旦你放慢内在混乱状态的活动的速度,那么外在生活自然也就慢下来了。如果你的外在生活被塞得满满的,如果你习惯于寻求外在的成就感，就应该尝试使用这种方法。

唯有宁静的心灵，才不眼热显赫权势，不奢望成堆的金银，不乞求声名鹊起，不羡慕美宅华第，因为所有的眼热、奢望、乞求和羡慕，都是一厢情愿，只能加重生命的负荷，加速心灵的浮躁，使我们与豁达康乐无缘。

按住浮躁，守住一份安宁，人生自得闲情逸致。

务实铺就成功之路

成功的道路是靠一步一个脚印走出来的，从来没有一蹴而就的成功。

生活中，有的人刚步入职场，就梦想明天当上总经理；刚创业，就期待自己能像比尔·盖茨一样成为巨富。要求他们从基层做起，他们会觉得丢面子，甚至认为这简直是大材小用。尽管他们有远大的理想，但缺乏专业的知识和丰富的经验，浮躁的心态一览无余。

实现梦想、成就事业必须要有务实的作风，带着浮躁的情绪做事，只会一塌糊涂，你的人生也会受到影响，因此，每个人要想实现自己的梦想，就必须调整好自己的心态，从一点一滴的小事做起，摒弃浮躁心态，在最基础的工作中，不断地提高自己的能力，为自己日后的发展积累雄厚的实力。

有一位老教授在谈到他的经历时说:

在我多年来的教学实践中,发现有许多在校时资质平凡的学生,他们的成绩大多在中等或中等偏下,没有特殊的天分,有的只是安分务实的性格。这些孩子走上社会参加工作,不爱出风头,默默地奉献。他们平凡无奇,毕业分手后,老师、同学都不太记得他们的名字和长相。但毕业几年、十几年后,他们却带着成功的事业回来看老师,而那些原本看起来会有美好前程的孩子却一事无成。这是怎么回事?

"我常与同事一起琢磨,认为成功与在校成绩并没有什么必然的联系,但与务实的性格密切相关。平凡的人比较务实,比较能自律,情绪上也不浮躁,所以有许多机会落在这种人身上,成功之门自然会向他大方地敞开。"

一个务实的人,不会浮躁,不会设定高不可攀、不切实际的目标,也不会凭借侥幸去瞎碰,而是认认真真地走好每一步,踏踏实实地用好每一分钟,在平凡中孕育和成就梦想。

他们会控制自己心中的激情,避免说得天花乱坠,却无法一一落实。只有务实才是成就一切伟大事业的前提,现在很多优秀企业都以务实作为评估人才的一项重要标准。

英特尔中国软件实验室总经理王文汉先生说,在英特尔公司里,考虑员工晋升时,从来不把学历当作一个重要因素。学历最多只是起到敲门砖的作用,在进入企业之后,员工个人的发展就完全取决于自己的努力。有的研究生可能不够务实,那么他的工资待遇就会降下来，而一些本科生经过自己的努力，取得了优异的成绩，那么他就会更快地得到晋升。

王文汉先生还举了下面这个凭借务实的努力拼搏精神在英特尔实现成功的例子：

英特尔中国软件实验室里有一位软件工程师，甚至连大学学历都没有，当初这位工程师就是凭借自己设计的一些软件程序进入英特尔的。最初，他只是被作为一名普通的程序员录用的，但是王文汉不久后就发现，这位程序员并不普通，他不仅可以高效率、高质量地完成相关的程序设计工作，而且主动学习高科技软件的研发知识，甚至他还利用休息时间参加了英特尔内部及各大院校举办的软件开发课堂。一年后，当英特尔中国软件实验室需要引进高水平的软件工程师时，这位程序员因为业绩突出、技术水平先进而成为选拔对象，很多比他先进入公司的、拥有更高学历的程序员却依然在程序员的位置上继续消耗着自己的青春。

成功所需要的一切因素都要靠务实努力来获取：大量有用的知识要靠扎扎实实地学习来获得，克服困难的力量要靠一点一滴的艰苦努力来积淀，同事的协作和上司的支持要靠诚信的品质和实实在在的能力来赢取，转瞬即逝的机遇要靠脚踏实地的艰苦付出来把握。

人生要少一分浮躁，多一分务实。成功的道路是靠自己一步一个脚印走出来的，从来没有一蹴而就的成功。如果没有求真务实的奋斗，没有踏踏实实的努力，即使拥有再多的知识、获得他人的再多帮助、遇到再多良好的机会，都不会实现最终的成功。

人淡如菊自飘香

生活应该是淡淡的，如菊般刚毅，如菊般纯洁，如菊般潇洒，如菊般自傲。

"人淡如菊"是一种平实内敛、拒绝傲气的心境。人淡如菊，要的是菊的内敛和朴实。生活中不缺少激情，但是激情都是一刹那的事，生活终将归于平淡，人终将归于平淡，一如平实淡定的菊花。人淡如菊，不是淡得没有性格、没有特点，也不是"独傲秋霜幽菊开"的孤傲和清高。人淡如菊，是清得秀丽脱俗，雅得韵致天然的一种遗世独立的从容与淡定。人淡如菊是懂得舍得的洒脱。

人生多秋,难以事事如意,且无法达到古风再现,毕竟红尘俗事难了,仅有心定的意境还是能够修到的。随心,随缘,随遇,行到水穷处,坐看云起时。落花无言而有言,人淡如菊心亦素。入眼处皆花,花落无声。人亦淡泊自如,若同那菊。

一个流浪歌手,抱着一把木吉他,站在车水马龙的街头唱着一首叫不出名字的歌曲。一曲罢了。他说:"我6岁的时候知道自己得了先天性心脏病,这种病无法治愈。妈妈告诉我,以后不能太悲伤,也不能太高兴,因为不论是悲伤还是高兴,都会刺激心脏。"

他笑了,是那种淡得像水一样的微笑,"但是,我还是想做一些努力,为自己筹一些钱,希望能到大医院去治疗。"

他的歌唱得挺好的,人围得越来越多,给的钱也越来越多。有一个人挤进人群,看了看流浪歌手,大声对他说:"骗人的吧,街头像你这样的人多得是,谁知道你有没有心脏病?"

流浪歌手的脸抽搐了一下,又浅浅地笑了。他说:"不是我选择了此生,而是此生选择了我。"在场的人并没有听懂。

这是一种旷世的淡然情感。命运之潮非常强大,许多时候并非人力所能扭转,"认命"并不见得是一件坏事。"不是我选择了此生,而是此生选择了我",这样笑对人生,才能把苦难放下,有责任地去面对多舛的命运。

生活应该是淡淡的,如菊般刚毅,如菊般纯洁,如菊般潇洒,如菊般自傲。不管外界是春夏秋冬,不管诧异或迷惑的眼光，只一心坚持自己的理想。为美好的生活、为理想的人生怒放一生的芬芳，尽全力释放人生极致的美丽。

大部分人的人生犹如平凡的菊花茶，没有闪耀的光环，也不是什么珍贵的品种。大部分人都可以品尝拥有，不管你愿意不愿意，如果不努力，从一出生便注定要守着清贫，耐着平凡度过一生。但是菊花茶的人生清淡中透着甘甜，开始品尝的时候或许会有些苦涩，但随后而来的便是清淡的芬芳和耐人寻味的甜美。

第八章

放下计较，糊涂是福

人生不必太计较

推得过去，是生活；推不过去，也是一样的生活。

人生究竟是黑白还是彩色，纯粹是一种个人习惯性的看法。我们一旦习惯看到人生的黑暗面，就会不自觉刻意去寻找黑暗的那一面，而忽略掉光明的一面，我们自然就会被消极的世界所包围。多计算一下自己已拥有的，我们会发现其实每个人都是富人。衡量生活，别用过长的尺子，接受现实，相信我已富有、已完美，生命就将无憾。

事事斤斤计较、患得患失，不仅自己伤痕累累，生活也因计较一片灰暗。既然如此，我们何不都看开些呢？

清朝时，在安徽桐城有一个著名的家族，父子两代为相，权势显赫，这就是张家张英、张廷玉父子。清康熙年间，张英在朝廷当文华殿大学士、礼部尚书。老家桐城的老宅与吴家为邻，两家府邸之间有个空地，供双方来往交通使用。后来邻居吴家建房，要占用这个通道，张家不同意，双方将官司打到县衙门。县官考虑纠纷牵涉官位显赫、名门望族，不敢轻易了断。在这期间，张家人写了一封信，给在北京当大官的张英，要求张英出面干涉此事。张英收到信件后，认为应该谦让邻里，于是在给家里的回信中写了四句话："千里来书只为墙，让他三尺又何妨？万里长城今犹在，不见当年秦始皇。"家人阅罢，明白其中意思，主动让出三尺空地。吴家见状，深受感动，也主动让出三尺房基地，这样就形成了一个六尺的巷子。两家礼让之举和张家不仗势压人的做法自此传为美谈。

计较往往是麻烦的开始。只要不是原则性的大事，睁一只眼闭一只眼又何妨？我们活在这个世上只有短短的几十年，却浪费很多时间去为一些不值得做的小事发愁，值得吗？生活就应该把精力用在值得做的事情上，不必为了无关紧要的事情而计较。

人生往往就是如此，推得过去，是生活；推不过去，也是一样的生活。因此，要想真正获得幸福，就要学会淡定，学会知足。你人生是贫穷还是富有，是黑白还是彩色，都在于你自己。如果你能接受自己所有的缺憾，接收这份不完整的生命赐予，那么你就能更快乐地活着。对于生命的苦难，我们不能把它归结为是谁的错，也不能总去注视他人的优越面，而妄自菲薄，徒增心中的怨恨。

别用过长的尺子衡量我们的生活。要懂得欣赏自己的生活，让自己活得随心所欲。趁自己还年轻，尽情地疯狂，尽情地任性，尽情地幼稚，尽情地做你想做的事。没有谁可以要求你改变，你也不必盲目改变。即使知道改变以后的自己会更好，但自己却无力改变的话，也不应该勉强去做，那些让自己觉得不满意的地方，就尽量忽略过去。毕竟，上帝创造我们有不同的肤色、不同的个性，就是为了让我们的生活多姿多彩。要接受自己所谓不完美的地方，没有必要勉强自己变得完美。

人生不必太计较，这样我们才能活得更舒心自在。

守得大愚才是大智

古今得祸，精明人十居其九。

在人际交往中，有的事不必弄得太明白，即使心里明白，也不一定要说出来。该糊涂时得糊涂。"大辩若讷，大巧若拙，大智若愚"说的就是这个道理。

魏王的异母兄弟信陵君，当时名列"春秋四公子"之一，知名度极高，因仰慕信陵君之名而前往的门客达三千人之多。有一天，信陵君正和魏王在宫中下棋消遣，忽然接到报告，说是北方国境升起了狼烟，可能是敌人来袭的信号。魏王一听到这个消息，立刻放下棋子，打算召集群臣共商应敌事宜。坐在一旁的信陵君则不慌不忙地阻止魏王，说道："先别着急，或许是邻国君主行围猎，我们的边境哨兵一时看错，误以为敌人来袭，所以升起烟火，以示警戒。"过了一会儿，又有报告说，刚才升起狼烟报告敌人来袭是错误的，事实上是邻国君主在打猎。

于是，魏王很惊讶地问信陵君："你怎么知道这件事情？"信陵君很得意地回答："我在邻国布有眼线，所以早就知道邻国君王今天会去打猎。"从此，魏王对信陵君渐渐疏远了。后来，信陵君受到别人的诬陷，失去了魏王的信赖，晚年沉湎于酒色，终致病死。

正所谓"古今得祸，精明人十居其九"，信陵君以为他如是一说便能得到魏王的褒奖，没想到的是反而落得个失宠的下场。有的时候，明白某个道理，把它装在心里总比说出来的好。

《三国演义》中的杨修才华横溢，能够洞悉他人的想法，但最终招致杀身之祸。在随军征战的多年中，他被提拔得很慢，显然是因为曹操讨厌他的缘故。但是，他没有意识到曹操本人生性多疑，凡事他都一语道破，这让曹操越来越厌恶他。换个角度，如果他能迎合曹操，或适时适地适量地表现才能，那么他至少可以保全性命，得到重用。杨修之死正是由于他不知道聪明反被聪明误的道理啊！

明代时，况钟最初以小吏的低微身份追随尚书吕震左右。况钟虽是小吏，但头脑精明，办事忠诚。吕震十分欣赏他的才能，推荐他当主管，升郎中，后出任苏州知府。

初到苏州，况钟假装对政务一窍不通，凡事问这问那。府里的小吏们怀抱公文，个个围着况钟转悠，请他批示。况钟佯装不知，瞻前顾后地询问小吏，小吏说可行就批准，小吏说不行就不批准，一切听从部属的安排。这样一来，许多官吏乐得手舞足蹈，个个眉开眼笑，说况钟是个大笨蛋。

过了三天，况钟召集全府上下官员，一改往日温柔愚笨之态，大声责骂道："你们这些人中，有许多奸佞之徒，某某事可行，他却阻止我去办；某某事不可行，他则怂恿我，以为我是个糊涂虫，耍弄我，实在太可恶了！"况钟下令，将其中的几个小吏捆绑起来，鞭挞后扔到街上。

此举使余下的几个部属胆战心惊，原来知府大人心里明亮着呢！个个一改拖拉、懒散的样子，积极地工作，从此苏州得到大治，百姓安居乐业。

况钟先装糊涂，把自己置于旁观者的位置冷眼细看，看清楚之后心中有数，做事就可以很主动了。如果一开始他便显出非常聪明能干的样子来，只怕他人早有防备之心，从而在他面前小心翼翼地掩盖自己的短处，表现自己的长处，恐怕短时间内无法分清孰优孰劣了。

必要时候，我们要学会装装糊涂，懂得明知故昧。"明知故昧"就是说明明知道的事情却装糊涂装作不知道，看得清楚的东西却装作看不见，也就是虽明白一切，却故意装糊涂。在生活中，这从表面上看是消极的态度，但作为一种明哲保身的方法还是可为的。

为人处世中，有时装装糊涂，是为了更好地处事和保全自己，所以，我们不妨都糊涂一点，守得大愚才是真正的大智。

不妨做个"糊涂"人

生活原本就是简单的,是我们自己太过计较了,才让生活变得越来越复杂。

很多年轻人缺少生活的历练,却要求很高,任何事情都想要一个结果:朋友为什么会给自己"穿小鞋"?男(女)友在外面交了些什么朋友?上司对某同事为什么比自己好?但生活中的是是非非有很多,我们无法对每件事都作一个清楚的交代。

这些看似聪明的人其实都很愚蠢。他们总被生活牵着走,为了一点小事,就会歇斯底里,这种人自然就会老得快。如果能够"糊涂"一些,人们就会远离很多烦恼,活得更加快乐。

某家政学校的最后一门课是《婚姻与经营和创意》,主讲老师是学校特地聘请的一位研究婚姻问题的教授。他走进教室,把随手携带的一叠图表挂在黑板上,然后,他掀开挂图,上面用毛笔写着一行字:

婚姻的成功取决于两点:一是找个好人;二是自己做一个好人。

"就这么简单,至于其他的秘诀,我认为如果不是江湖偏方,也至少是些老生常谈。"教授说。

这时台下嗡嗡作响,因为下面有许多学生是已婚人士。不一会儿,终于有一位三十多岁的女子站了起来,说:"如果这两条没有做到呢?"

教授翻开挂图的第二张,说:"那就变成4条了。"

1. 容忍,帮助,帮助不好仍然容忍。
2. 使容忍变成一种习惯。
3. 在习惯中养成傻瓜的品性。
4. 做傻瓜,并永远做下去。

教授还未把这4条念完,台下就喧哗起来,有的说不行,有的说这根本做不到。等大家静下来,教授说:"如果这4条做不到,你又想有一个稳固的婚姻,那你就得做到以下16条。"

接着教授翻开第三张挂图。

1. 不同时发脾气。
2. 除非有紧急事件,否则不要大声吼叫。
3. 争执时,让对方赢。

……

教授念完，有些人笑了，有些人则叹起气来。教授听了一会儿，说："如果大家对这 16 条感到失望的话，那你只有做好下面的 256 条了，总之，两个人相处的理论是一个几何级数理论，它总是在前面那个数字的基础上进行二次方。"

接着教授翻开挂图的第四页，这一页已不再是用毛笔书写，而是用钢笔，256 条，密密麻麻。教授说："婚姻到这一地步就已经很危险了。"这时台下响起了更强烈的喧哗声。

生活原本就是简单的，是我们自己太过计较了，才让生活变得越来越复杂。太过计较的人总是追着幸福跑，用尽全力却也抓不住飘忽不定、转瞬即逝的幸福。每跨出一步，都要考虑前面意味着什么、得到什么或失去什么，人未动心已远，何止一个"累"字了得？

不要太过计较，糊涂一番又何妨？只有想得开，放得下，朝前看，才有可能从琐事的纠缠中超脱出来。假如对生活中发生的每件事都寻根究底，去问一个为什么，那实在既无好处，又无必要，而且还破坏了生活的诗意。

在追逐幸福生活的道路上，我们不妨都做个"糊涂"人。

要舍得吃眼前亏

不要怕便宜了别人，"便宜"别人又"得益"自己，何乐而不为？

"塞翁失马，焉知非福。"很多时候在失去的时候往往就意味着收获，把吃亏当作占便宜，不因小事而斤斤计较的人终将有更大的收获。那些不肯吃亏的人，往往会因为斤斤计较而吃更大的亏。

"好汉要吃眼前亏"的目的是以吃眼前亏来换取其他的利益，是为了更高远的目标，如果因为不吃眼前亏而蒙受庞大的损失或灾难，甚至把命都弄丢了，未来和理想也就无从谈起。

不要因为吃一点亏就斤斤计较，开始吃点亏，是为以后的不吃亏打基础，不计较眼前的得失是为了着手更大的目标。

曾国藩和他的弟弟曾国荃，率领湘军攻下太平天国的首都天京（现南京）城后，他们兄弟的声望可谓如日中天。曾国藩被封为一等侯爵，世袭罔替；曾国荃被封为一等伯爵。所有湘军大小将领及有功人员，全都论功封赏。

当时湘军人物官居督抚的便有十人，长江流域的水师全在湘军将领控制之下，曾国藩所保奏的人物，无不如奏所授。但朝廷的猜忌与朝臣的妒忌也随之而来。曾国藩曾说："长江三千里，几无一船不张鄙人之旗帜，外间疑敝处兵权过重，权力过大，盖谓四省厘金，络绎输送，各处兵将，一呼百诺，其相疑者良非无因。"

聪明的曾国藩马上采取了裁军之计。他在战事尚未结束之际，即计划裁撤湘军。他在两江总督任内，便已拼命筹钱，两年之间，已筹到五百五十万两白银。钱筹好了，办法拟好了，战事一结束，便即宣告裁兵。不要朝廷一文，裁兵费早已筹妥了。同治三年六月攻下天京，七月初旬他便开始裁兵，一月之间，首先裁去两万五千人，随后又略有裁遣。

曾国藩在面临危机的时候，采取了好汉要吃眼前亏的办法，将自己辛辛苦苦组建而成的湘军裁撤了一部分。用这种吃眼前亏的退让方法，曾国藩不仅安然度过危机，而且后来深受朝廷的信任和重用直到寿终正寝。曾国藩的"好汉要吃眼前亏"远比"好汉不吃眼前亏"要聪明得多。

与曾国藩相比，生活中总有这样的人，他们做事时一门心思只在考虑不能便宜了别人，却忽视了于自己是否有利。不便宜别人就得自己吃亏，所以做事要有策略，不要怕便宜了别人，"便宜"别人又"得益"自己，何乐而不为呢？

汉朝开国名将韩信也是一个"好汉要吃眼前亏"的最佳典型，乡里恶少要他爬过他的胯下，不爬就要揍他，韩信二话不说，爬了！如果不爬呢？恐怕一顿拳打脚踢，韩信不死也只剩半条命，哪来日后的统领雄兵，叱咤风云？他吃眼前亏，为的就是保住有用之躯——留得青山在，不怕没柴烧。

很多人在刚刚找到一份工作时，就对自己抱有过高的期望，希望自己得到重用，希望别人都尊敬自己，希望薪水可以拿得很高。焉知这一切得来不易，需要付出很多的努力和代价？

首先，不要期望你的同事一开始就对你笑脸相迎，帮你做这做那，要知道，你是新来者，不管你的学历有多高，人有多聪明，但这份工作对你来说都是陌生的，比你先来的同事就是你的老师。你要礼貌地对待他们，多用一些敬语，包括所有的同事，你不能小看那些看上去职位不高，好像对你没有帮助的同事，尽量帮他们多做一些事情，多向他们请教问题，尽管他们对你的态度有可能不好，但你要认识到这只是暂时的。你的热情正直和你不平凡的业绩最终会为你赢得别人的尊重和信任。

其次，尽管你被安插在一个很不起眼的职位上，你的薪水很少，你做的工作很烦琐、很粗糙，你觉得自己做这些简直是大材小用，那你也要坚持干下去，并把它们都做好。如何让老板对你的工作能力产生信心呢？据有经验的"过来人"介绍说："这完全体现在刚开始工作的那些所谓的杂活里。虽然不是很起眼或者不太重要的工作，但仍然努力完成这其实就是在给你自己加分。"如此看来，老板一开始安排的工作的确是"小儿科"，但作为新手吃这点亏，也是将来"享福"的基础。

最后，我们对于工作中因争端而吃的亏，应坚持吃亏就是占便宜的原则。每个人在工作中都会有不顺心的时候，在这个时候你要尽量选择忍让，不惹事端，多考虑同事的感受，多感谢他们平时对自己的帮助，这才有助于以后工作的开展。

因此，不管是生活还是工作中，我们都要舍得吃眼前亏。眼前一时的吃亏是为了往后获得更大的利益，可以说吃亏就是占便宜。

不为他人的眼光而活

做人是青云直上还是坠入深谷,其实全在一个人的选择。

古语有云:镜明而影像千差,心净而神通万应。心净的一个含义就是"不可测、无障碍"。能够做到这一点并不容易,因为人们的心境太容易受到外界的干扰,恶人受丑陋之心的牵引而做坏事,普通人也可能因为执着心、愧疚心等而使自己陷入痛苦,无法自拔。因此,人生在世,不必太过计较,不要为了他人的眼光而活,应该尊重自己的选择,修清净心。

平常人想要净心的时候,往往习惯于用自己的理性去控制,但这样做的结果往往适得其反。当我们告诉自己"不能动心,不能动心",这个时候心已经正在动了;告诫自己"心不能随境转",这个时候心已经转了。真正的净心不是特意去控制它,也不是刻意去把握它。什么时候都知道自己的心,心自然而然就不动了。心不动了,人就不会为外界的诱惑所动,从而达到净化自身的目的。

仰山禅师有一次请示洪恩禅师道:"为什么吾不能很快地认识自己?"

洪恩禅师回答道:"我给你说个譬喻,如一室有六窗,室内有一猕猴,蹦跳不停,另有五只猕猴从东西南北窗边追逐猩猩。猩猩回应,如是六窗,俱唤俱应。六只猕猴,六只猩猩,实在很不容易快速认出哪一个是自己。"

仰山禅师听后，知道洪恩禅师是说吾人内在的六识（眼、耳、鼻、舌、身、意）和追逐外境的六尘（色、声、香、味、触、法），鼓噪烦动，彼此纠缠不息，如空中金星蜉蝣不停，如此怎能很快认识哪一个是真的自己？因此便起而礼谢道："适蒙和尚以譬喻开示，无不了知，但如果内在的猕猴睡觉，外境的猩猩欲与它相见，且又如何？"

洪恩禅师便下绳床，拉着仰山禅师，手舞足蹈似地说道："好比在田地里，防止鸟雀偷吃禾苗的果实，竖一个稻草假人，所谓'犹如木人看花鸟，何妨万物假围绕'。"

仰山终于顿悟。

生活中，很多时候人们的心情很容易受到外界的影响，更有甚者，将对自己的认识和评价建立在他人的态度之上，这是本末倒置。其实，何必生活在他人的眼光里，当我们面对选择和他人的干扰时，不妨修清净心，尊重自己内心的选择即可。

为什么人最难认清自己？主要是因为真心蒙尘。就像一面镜子，被灰尘遮盖，就不能清晰地映照出物体的形貌。真心不显，妄心就会影响人心，时时刻刻攀缘外境，心猿意马，不肯休息。人体如一村庄，此村庄中主人已被幽囚，为另外6个强盗土匪（六识）占有，它们在此兴风作浪，追逐六尘，让人不得安宁。

做人是青云直上还是坠入深谷，其实全在一个人的选择。而这个时候做一个什么样的人，从事什么样的事业，本应完全在于我们自己内心的选择。

不同的人因价值观和世界观不同而选择了不同的生活，也成就了不同的结果。

人生的路如何走，那就看我们一开始的选择是怎样的。一旦做了选择，无论平步青云还是崎岖坎坷，我们都必须坦然接受。因此，人生不想太苦，需要提前做好准备，思前想后，仔细掂量，别看眼前，着眼未来，一旦决定，就要狠下心面对，相信人生无憾，此生便不算蹉跎。

在面临选择时，不必太过在意他人的眼光。心不动才能真正认清自己，遇到顺境不动，遇到逆境也不动，在作出选择时才不容易受到外在的影响。但是现代人的状况大多相反，遇到顺境的时候太过高兴，遇到逆境的时候又太过痛苦，这只会给我们带来更多的痛苦。其实，我们遇到任何外境都应该一样，如果我们能够了解这一点，就不会被六尘所诱惑，亦不会被六识所蒙蔽。

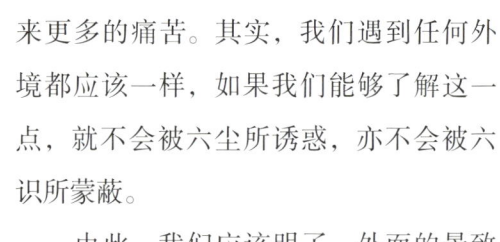

由此，我们应该明了，外面的景致

再美,也无法使我们真正地休息。我们穿草鞋上路,是为了完成自己的人生旅程,为什么要为了沿途的眼光来决定我们的步态呢?若是那样,便只是空费草鞋钱。世间的杂志、书报、各项视听娱乐,无法使我们内在悠然清心,不过徒增声色的贪得、是非的爱染。看一池荷花,于污泥之中生,观者有人欢喜有人忧,然而一池荷花就在那里,不动,不痴,不染,荷花还是荷花。人如能像荷花一般,不为繁华蒙蔽,不为别人的眼光而活,活出真我,生活的禅便算是被参透了。

人生路漫漫,面对众多的困扰,我们要学会修炼清净心,不为他人的眼光而活,不必太过计较,跟着自己的心走,才能作出正确的选择。

帮别人等于帮自己

给予别人的或许只是一点小小的帮助,但是在得到帮助的人眼里,这种帮助却无异于天降甘露,甜美万分。

在动乱的年代,有一个军人回家省亲时经过一家食品店,他在店门口看到一个人在那儿哭泣,于是军人便走过去询问原因。

那个人看着军人说:"我家里穷得只剩下了这一枚铜钱,我想用它给孩子们买些食物,因为他们已经几天没吃东西了,但是店里的人却告诉我这枚铜钱是假的,我该怎么办啊!"说着说着那人又哭了起来。

军人想了想，于是就从自己的衣服口袋里摸出一枚铜钱递给穷人，让他拿去买食物给孩子们吃，然后拿走他手里的假钱放回自己的衣袋。穷人看到后连声道谢，赶忙买了食物回家去了。没过多长时间，军人就回到了营地，不久之后军人就随部队一起上了战场。

战斗中，一颗子弹射向军人的胸膛，军人身体一震，绝望地想："今天恐怕要丧命了！"但是他突然意识到自己好像并没有流血，于是他用手往胸前一摸顿时愣住了，原来竟然是那枚铜钱为他挡了子弹！

军人不过是给了穷人一枚铜钱，这个救济真的似乎算不得多大，但是军人得到的回报竟是一条性命。在我们的生活中，也会有许多的人需要帮助，有的时候只要你付出一点点的爱心，说不定就会有很宝贵的收获。

像故事中的那种利人又利己的事，我们真应当多做一些。要知道，当别人遇到危难和困窘时，也正是他们心灵最脆弱的时候，人们常说"雪中送炭好过锦上添花"，你若此时能够急人所急，给人所需，那么对方一定能够铭记这份恩情。虽然我们帮助别人的本意不一定是寻求报答，但是说不定在将来的某一天，滴水恩情会得到涌泉相报。

很多年前一个感恩节的早上，别的家庭都在喜气洋洋地准备丰富的早餐，而有对年轻夫妇一家却极不愿醒来。因为他们不知道如何庆祝这么重要的一天，虽然他们有感恩的心，但是他们实在穷得可怜,这一天连吃顿饱饭都是一个问题,大餐更是想都别想,如果早点和当地的慈善团体联络,或许就能分得一只火鸡及烹烤的作料,至少有点简单的食物吃。可是他们没这么做,这是为什么呢?原因是他们有骨气,不愿意这样做,所以造成了现在的窘困局面。

所谓贫贱夫妻百事哀,一旦生存有了问题,那么矛盾就无可避免了,没多久这对夫妇就争吵起来,为的也是关于食物领取的事情。随着双方越来越烈的火气和咆哮,孩子们都捂紧了耳朵,在最年长孩子的眼里,此时也只有深深的无奈和无助。

然而,这个时候命运开始改变了。

沉重的敲门声在耳边响起,男孩前去应门,眼前出现一个满脸笑容的男人,他的手中提着一个大篮子,里面满是各种所能想到的应节食物:一只火鸡、配料、厚饼、甜薯以及各式罐头,这些全是感恩节大餐所不可少的。孩子看得口水直流,他的父母也听着声音出来了,眼前的场景让大家一时都愣住了,不知道是怎么一回事。男人随之开口道:"这份礼物是一位好心人要我送来的,他希望你们知道还是有人在关怀和爱你们的。"开始的时候,这个家庭中做父亲的还极力推辞,后来,那人却这么说:"不要难为我了,我也只不过是个跑腿的。"然后,他说了一句"感恩节快乐"后就离开了。

就在那一瞬间,小男孩的生命从此就不一样了。虽然这只是一个小小的关怀,却让他对人生始终充满着希望,在他内心深处有了一股对生活的感恩之情,他发誓日后也要以同样的方式去帮助其他有需要的人。

男孩到了 18 岁的时候，他终于有能力来兑现自己当年的誓言。虽然此时他的收入还很微薄，但是在感恩节里他还是买了不少食物，他打算去送给两户极为需要的家庭。那一天，他穿着一条老旧的牛仔裤和一件 T 恤，假装是个送货员。当他到达第一户破落的住所时，前来开门的是位妇女，女人带着提防的眼神望着他。她的 6 个孩子，也都在身后。这位年轻人看后开口说道："我是来送货的，女士。"

说完他便回转身子，从车里拿出装满了食物的袋子及盒子，里面全是感恩节的必需品。见此，那个女人当场傻了眼，而孩子们也爆出了高兴的欢呼声。女人的眼眶湿润了，她抓住年轻人的手，操着生硬的英语激动地喊着："感谢伟大的主！你一定是上帝派来的！"

年轻人有些腼腆地说道："噢，不，不，我只是个送货的，是一位朋友要我送来这些东西的。"随之，他便交给这位妇女一张字条，上头这么写着：

"我是你们的一位朋友，愿你一家都能过个快乐的感恩节，也希望你们永远幸福！今后你们若是有能力，就请同样把这样的礼物转送给其他有需要的人。"

年轻人把一袋袋的食物不停地搬进屋子，使兴奋、快乐和温馨之情达到最高点。当他离去时，那种人与人之间的亲密感和相助之情让他不觉热泪盈眶。回首瞥见那个家庭的张张笑脸，他对自己有余力帮助他们而高兴不已。

帮助别人是一种精神的传递，只要你真心地帮助别人，那么你自己也同样能得到帮助，因为爱心是无限循环的，帮别人也等于帮自己。生活中哪怕一个小小的恩惠，一声简单的问候，哪怕平时微不足道的小事，都是对人以爱的鼓舞，我们是不是在别人需要"牛奶"的时候也"施以爱心"了呢？

生活中，给予别人的或许只是一点小小的帮助，但是在得到帮助的人眼里，这种帮助却无异于天降甘露，甜美万分。被帮助的人会将这份恩惠牢牢铭记于心，也许在未来的某一个时间，在我们需要别人帮助的时候，说不定他人会以数倍甚至数百倍的回报回馈给我们。

第九章
放下虚荣，回归本色

做本色的自己

我们每个人都是造物主独一无二的创造，我们的心灵不需要任何修饰，只要活出本色，每个人都可以优秀，都可以成功。

《周易》中的"贲"卦本来是专谈文饰美化的道理，适当的文饰美化能在一定程度上彰显优点、弱化缺点，起到积极作用。但上九爻中却说："上九，白贲，无咎。"意思是装饰素白，不喜好华丽，也没有祸害。为何有此说法？因为上九处于最高位，也就是到了文饰的最高境界，即返璞归真，就像化妆的最高境界是自然美一样。所以，一个人的最高境界就是：做本色的自己。

有一位公共汽车驾驶员的女儿，她想当歌星，但她长得不好看，嘴巴太大，还长着龅牙。她第一次在新泽西的一家夜总会里公开演唱时，一直想用上唇遮住牙齿，她企图让自己看起来高雅，结果却把自己弄得四不像，这样下去她就注定要失败了。

幸好当晚在座的一位男士认为她很有歌唱的天分，他很直率地对她说："我看了你的表演，看得出来你想掩饰什么，你觉得你的牙齿很难看？"那女孩听了觉得很难堪，不过那个人还是继续说下去："龅牙又怎么样？那又不犯罪！不要试图去掩饰它，张开嘴就唱，你越不以为然，听众就会越爱你。再说，你现在引以为耻的龅牙，将来可能会带给你财富呢！"女孩接受了那人的建议，把龅牙的事抛诸脑后，从那次之后，她只把注意力集中在演唱上。她开怀尽情地演唱，后来她成为了电影及电台中的顶尖歌星，现在，别的歌星倒想来模仿她了。这个女孩就是凯丝·达莉。

其实有很多人都是因为坚持本色的自己而成名的，如卓别林开始拍电影的时候，那些电影导演都坚持要卓别林去学当时非常有名的一个德国喜剧演员，但他一直坚持做自己，并努力创造出一套属于自己的表演方法，最终成名了。玛格丽特·麦克布蕾刚刚进入广播界的时候，想做一个爱尔兰喜剧演员，结果失败了。后来她发挥了自己的本色，做一个从密苏里州来的、很平凡的乡下女孩子，结果成为纽约最受欢迎的广播明星。金·奥特雷刚出道的时候，想要改掉他得州的乡音，穿得像个城里的绅士，自称是纽约人，结果大家都在背后笑话他。后来他开始弹五弦琴，唱他的西部歌曲，开始了他不一样的演艺生涯，最终成为在电影和广播两方面都很有名气的西部歌星。

这些人的故事告诉我们一个事实，我们每个人都是造物主独一无二的创造,我们的心灵不需要任何修饰,只要活出本色,每个人都可以优秀,都可以成功。就像爱默生在他那篇《论自信》的散文里所说的:"在每一个人的教育过程之中,他一定会在某个时期发现,羡慕就是无知,模仿就是自杀。不论好坏,他必须保持本色。虽然广大的宇宙之间充满了好的东西,可是除非他耕作那一块给他耕作的土地,否则他绝得不到好的收成。他所有的能力是自然界赐予的一种新能力,除了他之外,没有人知道他能做些什么,他能结什么,而这都是他必须去尝试求取的。"

上天把不同的土地放在不同的人心中,这注定会让他们结出不同的果实,问题的关键就在于我们怎样耕耘。

心,唯本色为美,我们都应该活出真实,做最本色的自己。

充实人生,安心走自己的路

活着应该是为充实自己,而不是为了迎合别人。

世界上没有两片相同的叶子,自然也不会有两个相同的人。从这个意义上来说,每个人都是独一无二的,只要安心走自己的路,到了某一天,自然会发现,原来没有一条道路是重复的。

从前,有一对双胞胎王子。有一天,国王想为大儿子娶媳妇了,便问他喜欢什么样的女性。

大王子回答:"我喜欢瘦的女孩子。"

知道了这消息的岛上年轻女性想:"如果顺利的话,或许能攀上枝头做凤凰。"于是,大家争先恐后地开始减肥。

不知不觉,岛上几乎没有胖的女性了。不仅如此,因为女孩子一碰面就竞相比较谁更苗条,所以甚至出现了因为营养不良而得重病的情况。

但后来却出现了意外的情况,大王子因为生病突然就过世了,于是,国王决定由其小儿子来继承王位。

于是,国王又想为小王子娶媳妇,便问他同样的问题。"现在女孩都太瘦弱了,而我比较喜欢丰满的女性。"小王子说。

知道消息的岛上年轻女性,开始竞相大吃特吃。于是,岛上几乎没有瘦的女性了,岛上的食物也被吃得匮乏,甚至连为预防饥荒的粮食也几乎被吃光了。

最后,王子所选的新娘,却是一位不胖不瘦的女性。

王子的理由是:"不胖也不瘦的女性,更显青春和健康。"

没有自我的生活是苦不堪言的，没有自我的人生是索然无味的，丧失自我是悲哀的。要想拥有美好的生活，人必须自强自立，拥有属于自己的道路。

活着应该是为充实自己，而不是为了迎合别人。没有自我的人，总是考虑别人的看法，这是在为别人而活着，所以活得很累。有些人觉得：老实巴交吧，会吃亏，被人轻视；表现出格吧，又引来责怪，遭受压制；自甘堕落吧，实在活得没劲；有所追求吧，每走一步都要加倍小心。家庭之间、同事之间、上下级之间、新老之间、男女之间……天晓得怎么会生出那么多是是非非。你和新来的女同事有所接近，有人就会怀疑你居心不良；你说话直言不讳，人家必然感觉你骄傲自满，目中无人；如果你工作第一，不管其他，人家就会说你不是死心眼太傻，就是有权欲野心……凡此种种飞短流长的议论和窃窃私语，可以说是无处不生、无孔不入。如果你的听觉视觉尚未失灵，再有意无意地卷入某种旋涡，那你的大脑很快就会塞满乱七八糟的东西，弄得你头昏眼花、心乱如麻，结果只会疲惫不堪。

我们无法改变别人的看法，能改变的仅是我们自己。想要讨好每个人是愚蠢的，也是没有必要的。与其把精力花在一味地去献媚别人，无时无刻地去顺从别人，还不如把主要精力放在充实自己上，兢兢业业做事，刻苦学习。改变别人的看法总是艰难的，改变自己却是容易的。

有时自己改变了，也能恰当地改变别人的看法。太在乎别人随意的评价，自己不努力自强，人生就会苦海无边。别人公正的看法，我们应当作为参考，以利修身养性；别人不公正的看法，不要把它放在心上，以免影响我们的心情。如此一来，我们就不会为别人的看法耿耿于怀，就能够按照自己的意愿走好自己的路。

真正的人格需要内心的充实

真正值得人去追求的，是灵魂的充实与心灵的自由。

人生本来如大梦，一切事情过去就过去了，如江水东流一去不回头。一切皆是无常，繁华过尽是虚无。如果人们能体会到事过无痕的境界，就不会滋生这样那样的烦恼了，也就不会陷入越执着越得不到的怪圈中不能自拔。

生活中的纸醉金迷只是一具华丽的空壳，在珠光宝气的背后通常是人性的沉沦。沉迷于荣华富贵的人多是肤浅的人，在繁华落尽时他们会备受煎熬。倘若一味执着于对物质的追求，执着于世俗的欲求，最终只会备受空虚的煎熬。因为人们站在生命的终点回过头来才发现，自己所执着的事物其实并没有多大意义，浮生一梦，不过一无所得。

内心清净无物，自在自足，见到任何繁华，不去蝇营狗苟，遇到任何逆境，舍得放下，这样才可远离烦恼，享受生活。世间一切繁华的真相其实是无常，有生必有灭，有聚必有散，有合必有离，有繁荣必然有颓废，一切皆如梦幻泡影。我们又何必过于在意。坦然接受，放松心情，就会发现在这繁华喧嚣的无常世界中，自己享有了一片安静的"心空"。

世界上的种种繁华虚荣，并不能使你得到真正的快乐和幸福，因为感官的刺激只能存在片刻，无法永恒，运用耳、鼻、舌、身、意求来的感官快乐往往是暂时的，好比看一场电影或一场音乐会，曲终人散，一切终有结束。

宋代汾阳有位善昭禅师，得佛法奥义，修行真挚涅槃，他曾自我揶揄："我不过是一个混日子的粥饭僧。传佛心宗，并非我的职责。"当时许多僧众、官员前后八请，求他出来讲法开示，他都坚卧草庵，不肯出山。

那时得道僧者皆喜游历，四处看繁华事态，寻觅优雅风景，但善昭禅师很少出行，时人批评他缺少禅者的潇洒与韵味。善昭禅师却严肃地说："自古以来，祖师大德行脚云游，是因为圣心未通、道业未成，所以驱驰丛林，以求抉择，而不是为了游览山水，观风望景。"

在善昭禅师看来，风景再繁华，不过是风景，大德的禅师之所以游历，是为了感悟天地之道，而不是因美景之美才四处游玩。

善昭禅师不慕繁华之心，如泥中青莲，令人敬佩。一个人无论处于什么地位，过哪种生活，只要他内心清净、圆满、充实，就可以过得幸福。

禅宗中有一句格言，"万物唯心造"。也就是说，心外无一物。心外的世界不过是人心折射出的世界，每个人看见的风景无不是虚幻，过眼即逝。人心如果执着世间万物，就会有千种折磨，万般烦恼；人心如果随缘任运，人就会处处自由，时时潇洒。

人世中的一切事、一切物都在不断变幻，没有一刻停留。万物有生有灭，不会为任何人、任何事停滞不前。所谓繁华，大半是停留在生活的表面，觥筹交错、衣帽光鲜、熙熙攘攘的背后往往透出的是一丝丝的苍凉。很多人却总是被表面现象所迷惑，好比孩子贪恋糖衣药片上那薄薄的一层糖。

人应该珍惜现在，减少忧虑。别去想着"未来一定发财""将来一定富贵"，谁知道将来又能如何？现在过得好，活出了真我，就已经很快乐，何必强迫自己把未来建设得辉煌无比呢？

认真享受沿路的风景，这才是我们活着的证明。真正值得人去追求的，是灵魂的充实与心灵的自由。"不恋繁华性自真"，如果我们能放下世间繁华，专注于追求内在的充实与富足，就能在现实的污浊里保持简单和清净。

虚妄的荣耀，不过是掩耳盗铃

虚荣不过是虚妄的荣耀，是掩耳盗铃的现代解释，是无知无能的人最想依赖而实际上最依靠不住的心灵稻草。

寓言故事《老鼠嫁女》中，老鼠因为好面子而想攀高结贵，没想到却是送羊入虎口。

从前，有一只老鼠生下了一个漂亮的女儿，老鼠总想把女儿嫁给一个有权有势的。它看到太阳很非凡，就巴结太阳说："太阳啊！你多么伟大、能干，万物没有你简直就无法生存，你娶我的漂亮女儿做妻子吧！"太阳客气地回答："我不行，因为乌云能遮住我，把你的女儿嫁给乌云吧。"

老鼠又去找乌云，对它说："你娶了我的女儿吧，你有这样神通广大的本领，我真敬慕你。"乌云说："不行，我没什么本领，我比不上风，风一吹，我就被吹跑了。"

老鼠一听，原来风比乌云更有本领，就找到风，对它说："风啊！我可找到你了，听说你很有本领、有权威，我愿将我美丽的女儿嫁给你。"风一听这无头无尾的话，紧锁双眉说："谁稀罕你的女儿，你去找墙吧，它比我行！"

老鼠一听，又决定去找墙。墙偷偷地说："我倒是怕你们这些老鼠，你们一打洞，我可就危险了。我不配做你的女婿。"

老鼠一想：墙怕老鼠，老鼠又怕谁呢？它忽然想起了祖宗的古训，老鼠生来是怕猫的。它就赶紧去找猫，点头哈腰地说："猫大哥，我总算找到你了，你聪明、能干、有本事、有权威，做我的女婿吧！"猫一听，倒是爽快地答应了："太好了，就把你女儿嫁给我吧！最好今晚就成亲。"

老鼠一听，猫大哥真不愧是有魄力、有作为的男子汉，这下总算给女儿找到如意郎君了。于是它喜滋滋地跑回家去，大声对女儿说道："终于给你找到好靠山了，猫大哥最显赫、最有权势，你能享一辈子福了！"

当晚它就把女儿打扮起来,请来了一群老鼠仪仗队,打着灯笼、凉伞、旗子,敲着锣鼓,一路上吹吹打打,把女儿用花轿送到了新郎的住地。猫一看,老鼠新娘来了,等轿子刚进门,还未等新娘下轿就扑了上去,一口将可爱的新娘吞进肚里去了。

虽然这只是一个寓言故事,但这却是存在于我们生活中的一种现象,为了爱慕虚荣而想攀高结贵,没有弄清楚事情的真相,一味沉浸在虚荣的光环中,却不知道危险已经来到了自己的身旁。

在心理学家看来,虚荣心是一种扭曲了的自尊心,是自尊心的过分表现,是一种追求虚表的性格缺陷,是人们为了取得荣誉和引起普遍的注意而表现出来的一种不正常的社会情感。爱慕虚荣,从古至今,一直是人性的弱点之一。

意大利著名的雕塑家米开朗琪罗曾在佛罗伦萨雕刻了一尊石像,当他看到这尊凝聚了自己所有功力的作品时,他也为自己感到骄傲。作品预展时,佛罗伦萨万人空巷,市民对他的创作叹为观止。

最后连佛罗伦萨市市长也来参观了,众多权贵围在雕像前窃窃私语,等待市长发表意见。

市长傲慢地朝雕像看了几眼,问:"作者来了吗?"

米开朗琪罗被人请到市长面前,市长说:"雕石匠，我觉得这个石像的鼻子低了点，影响了整个雕像的艺术氛围。"

米开朗琪罗听罢说："尊敬的市长，我会按照您的要求加高石像的鼻子。"

说完，米开朗琪罗让助手取出工具，提着石粉对石像的鼻子进行加工。米开朗琪罗在石像的鼻子上抹着石粉。抹了一会儿，他来到市长面前，说："尊敬的市长，我已经按照您的要求加高了石像的鼻子，您看现在还行吗？"

市长看了看点点头说："雕石匠，现在好多了，这才是完美的艺术。"

市长走后，米开朗琪罗的助手百思不解，问："您只是在石像的鼻子上抹了三把石粉，石像的鼻子根本没有加高。"米开朗琪罗说："可是，市长认为高了。"

据说那尊石像现在还矗立在佛罗伦萨的街头，知道那尊石像来历的人都听过这样一句谚语：权贵的虚荣就是石像鼻子上的三把石粉。

虚荣不过是虚妄的荣耀，是掩耳盗铃的现代解释，是无知无能的人最想依赖而实际上最依靠不住的心灵稻草。

因此，我们要在生活中克服虚荣心，首先就要树立正确的荣辱观，即对荣誉、地位、得失、面子要持有一种正确的认识和态度。不可过分追求荣华富贵、安逸享受，否则就真的陷入了爱慕虚荣的怪圈。

爱慕虚荣会让你狼狈不堪

爱好虚荣的人,用一件富丽的外衣遮掩着一件丑陋的内衣。

若因虚荣而故弄玄虚,事情的真相只会让你狼狈不堪。

从前有个农夫,思想十分迂腐,又非常爱慕虚荣。他家里养着两只鹤,只要有客人来家中,他总是故弄玄虚地对客人说:"我家养了两只鹤,这可不是一般的鹤,它们是真正的仙鹤!普通的鹤都是卵生的,我养的仙鹤可是胎生的。"

这一天,农夫家又来了几位客人,他把客人请进屋,一坐下便夸起他那两只"胎生"的仙鹤来。农夫话还未说完,一位仆人从后园跑来报告说:"先生,咱家的鹤昨晚生了一个好大的蛋,有鸭梨一般大小呢!"农夫听完,脸立刻羞得通红,他觉得十分难堪。他斜着眼偷偷瞟了客人一下,即刻对仆人大声呵斥道:"大胆奴才,竟敢诽谤我的仙鹤!仙鹤怎么会生蛋呢?简直胡说八道!"仆人只好没趣地走开了。几个客人站起身说:"老兄,难得您家养着仙鹤,让我们去看看,开开眼界吧。"无奈,既然客人开口了,农夫只好带着客人一同到后园去观看仙鹤。他们来到后园,只见其中一只仙鹤正将后腿张开,身体蹲坐在地上,显然是要生蛋了。客人们想叫仙鹤站起来,便用拐杖去吓它。不料,那鹤刚站起身来,地上又多了一枚鸭梨大的鹤蛋。农夫的脸涨得通红,支支吾吾地自我解嘲说:"唉!没想到这仙鹤也会沦落成凡鸟。"

爱慕虚荣的人总想故弄一些玄虚来引起别人对自己的关注。然而，当幻境被打破、谎言被拆穿时，虚荣的人终究会因不能自圆其说而把自己搞得狼狈不堪。

生活中，我们不能为了博得他人一时的赞美而丢失了精神中最可贵的真挚，绝不能让虚荣占了上风。

虚荣是一件极其无聊的、自欺欺人的东西，也是极具危险的东西，我们要时时提醒自己远离虚荣，以免被它撞得头破血流。

在一个由鸟儿建立起的王国里，每只小鸟都认为自己比其他鸟儿漂亮，它们也常常因此而争吵不休。一天，上帝由于受不了这样的吵闹，于是就宣布："我要在你们中间选出一只最美丽的作为鸟王！在此之后不得有任何一只鸟儿再为美丽而喋喋不休！"

小鸟们为了争夺王冠而修整着自己的羽毛，直到打扮得漂亮为止。这时候，在河边徘徊的乌鸦也想要坐上鸟王的宝座。于是它捡起了其他鸟儿落下的羽毛，然后插在了自己身上。等到美丽的羽毛插满了全身后，乌鸦探着头往河里一看："天哪！我居然也变成一只美丽的小鸟啦！"

选举的日子终于来临。在诸种鸟儿之中，乌鸦显然格外引人注目。上帝问乌鸦："你是什么鸟类啊？竟然如此之漂亮，我决定封你为王。"乌鸦听到这句话后兴奋不已。然而，就在这个时候，鸟群中发出了异议。一只鸟发现乌鸦的身上插着自己的羽毛，于是就上前将其拔下，之后又有其他的鸟儿接连地从乌鸦身上拔下了自己的羽毛。到最后，乌鸦全身又是一片漆黑。乌鸦羞愧无比，匆忙地躲进树丛中去了。

本来想要炫耀自我，结果却失了身份。乌鸦在无趣之中现了原形，最终沦为整个鸟王国的笑柄。就像乌鸦身上的彩色羽毛一样，虚荣也是其他人的骄傲，一旦被暴露，丢失的不仅是外表，还有自我的尊严。莎士比亚说："爱好虚荣的人，用一件富丽的外衣遮掩着一件丑陋的内衣。"这不正是乌鸦的所作所为吗？

与其为了虚荣而注重于外表的修饰，还不如潜下心来充实自我的心灵。寓言家伊索就说过："向往虚构的利益，往往丧失现存的幸福。"在企望不可能的尽善尽美的同时，人们反而会失去本可得到的美好的东西。花开是美丽的，但是过于盛艳很可能就会一无所有。

企图在各方面胜过他人，以夸大自己在别人眼里的价值的方式来表现自己的强大，这种行为就是虚荣。虚荣心强的人，在思想上就会不自觉地渗入自私、虚伪、欺诈等因素，这与谦虚谨慎、光明磊落、不图虚名等美德是格格不入的。虚荣的人为得到表扬才去做事，对表扬和成功沾沾自喜，甚至不惜弄虚作假。他们对自己的不足想方设法遮掩，不喜欢也不擅长取长补短。在强烈的虚荣心驱使下，有些人只追求面子上的风光，不顾现实条件，最后往往造成危害。因此，虚荣心要不得，应当努力克服掉。

放弃攀比，和心灵赛跑

不要把你的生命浪费在和别人攀比上，应该跟自己的心灵去赛跑。

身处当下社会，细观生活的各个侧面，攀比的心态无时不在。有精心制造"皇帝的新衣"的攀比，有"移花接木""经济实惠"的攀比，更有信手拈来、一挥而就的攀比。投射到每个人身上不外乎是这样的表现：做事情三心二意、朝三暮四、浅尝辄止；或是东一榔头西一棒槌，既要鱼也要熊掌；或是这山望着那山高，静不下心来，耐不住寂寞，稍不如意就轻易放弃，从来不肯为一件事倾尽全力。但究其实质，不外乎是急于求成、渴望结果的超常迫切心态。

现代人的标志，绝不止于会英语、会驾车、能够在出国考试得高分、懂得网络技术、享受名牌服饰等。如果没有对现代社会的冷静认识与思考，没有对个体人格的自觉完善以及对其他社会成员的道义关怀，也只不过是个精神上的"现代贫民"而已。

所以，不要把你的生命浪费在和别人攀比上，应该跟自己的心灵去赛跑。

一青年总是埋怨自己时运不济，生活不幸福，终日愁眉不展。

这一天，走过一个须发俱白的老人，问："年轻人，干吗不高兴？"

"我不明白我为什么老是这么穷。"

"穷？我看你很富有嘛！"老人由衷地说。

"这从何说起？"年轻人问。

老人没有正面回答，反问道："假如今天我折断了你的一根手指头，给你1000元，你干不干？"

"不干！"年轻人回答。

"假如斩断你的一只手，给你1万元，你干不干？"

"不干！"

"假如让你马上变成80岁的老翁，给你100万元，你干不干？"

"不干！"

"假如让你马上死掉，给你1000万元，你干不干？"

"不干！"

"这就对了，你身上的钱已经超过了1000万元了呀！"老人说完笑吟吟地走了。

由此看来，那些总是与别人进行攀比的人，只会在攀比中迷失自我，忽视自身的价值所在。

其实我们不必对自己太苛求，因为每个人都有令人羡慕的东西，也都有令自己感到遗憾的东西，没有一个人能拥有世界的全部，重要的在于自己的内心感觉。那些心态平和的人也许在生活中的物质享受并不比任何人好，只是他能接受自己，觉得自己好而已。

所以，我们要学会欣赏自己，愉悦自己。你能改变什么让自己感到愉快，那就做一些改变。不过，如果改变了以后会让自己不愉快的话，那么不管有多少人说要做，也不应该盲从。

而那些总是抱怨自己不幸的人，不要用沉重的欲望迷惑自己，要学会欣赏自己的每一次成功、每一份拥有，到那时你就不难发现，自己竟有那么多值得别人羡慕的地方，幸福之神已在向你频频招手。

所以，我们要用"和自己赛跑，不和别人比较"的生活态度来面对生活。不要与别人攀比那些虚华无实的东西，而忽视了自己真正需要提升的东西。

放弃和别人的攀比，只和自己的心灵赛跑，我们才能享受到现实的快乐。

第十章
放下得失,坦然接受

没有失去,也就无所谓获得

失去所传递出来的并不一定都是灾难,也可能是福音。

花草的种子失去了在泥土中的安逸生活,却获得了在阳光下发芽微笑的机会;小鸟失去了几根美丽的羽毛,经过跌打,却获得了在蓝天下凌空展翅的机会。人生其实总在失去与获得之间徘徊,没有失去,也就无所谓获得。

人生就像一场旅行。在旅程中,我们欣赏沿途的风景,同时也会接受各种各样的考验。在这个过程中,我们或许会失去许多,但是,我们同样也会收获很多。因为,失去的并不一定都是灾难,也可能是福音。

有一位住在深山里的农民,经常感到环境艰险,难以生活,于是便四处寻找致富的好方法。一天,一位从外地来的商贩给他带来了一样好东西,尽管在阳光下看去那只是一粒粒不起眼的种子。但据商贩讲，这不是一般的种子，而是一种叫作"苹果"的水果种子，只要将其种在土壤里，两年以后，就能长成一棵棵苹果树，结出数不清的果实，拿到集市上，可以卖好多钱呢！

欣喜之余，农民急忙将苹果种子小心收好，但脑海里随即涌现出一个问题：既然苹果这么值钱、这么好，会不会被别人偷走呢？于是，他特意选择了一块荒僻的山野来种植这种颇为珍贵的果树。

经过近两年的辛苦耕作，浇水施肥，小小的种子终于长成了一棵棵茁壮的果树，并且结出了累累硕果。

这位农民看在眼里，喜在心中。嗯！因为缺乏种子的缘故，果树的数量还比较少，但结出的果实也肯定可以让自己过上好一点儿的生活，农夫这么想着。

他特意选了一个吉祥的日子，准备在这一天摘下成熟的苹果，挑到集市上卖个好价钱。这一天到来时，他非常高兴，一大早便上路了。

当他气喘吁吁爬上山顶时，心里猛然一惊，那一片红彤彤的果实，竟然被外来的飞鸟和野兽们吃了个精光，只剩下满地的果核。

想到这近两年的辛苦劳作和热切期望，他不禁伤心欲绝，大哭起来。他的财富梦就这样破灭了。在随后的日子里，他的生活依然艰苦，只能苦苦支撑，一天一天地熬日子。不知不觉之间，几年的光阴如流水一般逝去。

一天，他偶然来到了这片山野。当他爬上山顶后，突然愣住了,在他面前出现了一大片茂盛的苹果林,树上结满了累累硕果。

这会是谁种的呢?在疑惑不解中,他思索了好一会儿才找到了一个出乎意料的答案。这一大片苹果林其实都是他自己种的。

几年前,那些飞鸟和野兽在吃完苹果后,就将果核吐在了旁边,经过几年的时间,果核里的种子慢慢发芽生长,最终长成了一片更加茂盛的苹果林。

现在,这位农民再也不用为生计发愁了,这一大片林子中的苹果足以让他过上温饱的生活。

有时候,我们就像这位农民一样,失去反而是另一种获得。

生活中,一扇门如果关上了,必定有另一扇门打开。我们失去了一种东西,必然会在其他地方收获另一种馈赠。关键是,我们要有乐观的心态,相信有失必有得。要舍得放弃,正确对待我们的失去,因为失去可能是一种生活的福音,它预示着我们的另一种获得。

所以,我们应该正视人生的得失。当我们得到的时候要感恩,要懂得珍惜;当我们失去的时候不要抱怨,也不用无所适从。月有阴晴圆缺,懂得生活的人能坦然面对所谓的得失;而不懂得生活的人,往往会付出难以挽回的代价。

有这样一对性格不合的夫妇,丈夫8次提出离婚要求,而妻子就是死活不离。在法院判决中,女方总是胜诉,就这样一直拖了29年。29年的岁月过去了,这位妇女的青春年华在拖延不决中消失了,乌黑的头发已成白发,红润的脸颊变黄了,刻上了一道道岁月的痕迹，身体也被折磨得满身病痛。

由于妻子的坚持，婚姻仍然存在，然而爱情早已荡然无存。她失去了幸福的家庭，失去了自己的青春，失去了健康的身体，也失去了再婚的机会。

最后，法院还是判离了。离婚后不到两年，这位不幸的妇女就因病情加重而离开了人世。

人生是自己的，我们不能怪这位妻子，她是苦的，但她的执着又换来了什么？有人说，失去也是一种获得，这是一种豁达，坦然面对得失，这样不但不会失去什么，反会得到很多很多。

每一种生活方式都有它的得与失，正如俗语所说："醒着有得有失，睡下有失有得。"所以面对生活中的得失，我们都应该抱有一种坦然的态度，凡事看开些。世界是公平的，在这里失去的，我们会在另外的地方得到补偿。有时，失去可能反而是一种福音。

淡看得失，不必挂心

人有所得，必然会有所失，只有当我们看淡得失，愿意舍弃一些东西的时候，我们才会得到更多。

关于得失，星云大师曾说道："世事无常，诸相皆空。如果我们有颗平常心，世间的一切，有也好，无也好，都看作镜花水月。有，固然可以生活无忧；无，也可以心灵自在，深入体会无垠、无边、无量。"

我国唐代大诗人杜甫也曾说："文章天下事，得失存心知。"这句话的意思是说，文章是天下的大事，成败得失只有自己知道。对我们的人生来说，成败得失与烦恼快乐随时都会伴随着我们。无论人生得意的时候，还是失意的时候，我们都应当以乐观的心态来对待，这样我们才会在得意之时保持淡然的心态，在失意之时保持坦然的心态，只有一直以一颗平常心来对待生活，我们的人生才会活出境界。

薛泽通先生在书中写道："你如果以挑剔的心态、灰色的心态去看待人生，你就会觉得人生真是千疮百孔、一无是处；如果你以平常的心态、超然的心态去看待，你就觉得一切苦难和幸福都很正常；如果以审美的心态、艺术的眼光去看待，你就觉得所有经历都是一笔财富，人生就是一场大戏：丰富、完美而滋润。"如此看来，我们人生中快乐的主动权、命运的掌控权，其实完全把握在自己手中。只要不把得失看得过重，不要总是把这些不快乐挂在心上，那么，我们的生活中就会充满快乐。

人生的得到与失去，相辅相成，也正是因为这样，我们的生活才会更富有、更丰富多彩。在现在的社会里，人们应该鼓励用自己的双手，去增加人生的价值和内涵，使我们的物质世界和精神世界都更加富有和充实。失意的时候，自己对自己应给予鼓励。只有乐观的心态才会有新的希望。

山里有一位以砍柴为生的樵夫，在他的辛苦经营下，终于盖了一间木屋。有一天他外出去砍柴,房子起火了,邻居们纷纷帮忙救火。但是由于当时风势较大,根本救不下,所以大家只能眼睁睁地看着木屋被烧毁。当一切烧尽后,樵夫回来了,看到这种情况后,他一一谢过大家的帮忙,然后自己拿着一根棍子,跑到灰烬中翻找一番。邻居们以为他是在找什么金银珠宝,就都在旁边默默地看着他。当樵夫从灰烬中走出来时,邻居们看到他手里拿着的是一柄砍柴的刀,他笑着说:"只要有这柄柴刀,我就还可以建造一间更好的木屋。"邻居们虽然觉得很可惜,但依然被他乐观的精神所感动,在大家的帮助下,樵夫没过多久便又建起一间小木屋。

樵夫的故事给了我们一个启迪,用我国的一句老话说就是:"留得青山在,不怕没柴烧。"故事中的樵夫知道,自己的房子被烧了,这是客观现实,回避不了,那就必须面对;同时他也知道,悲伤是次要的,自己此时再伤心也不可能变出一间房子来,不如把握关键,柴刀才是重要的;生活中我们同样如此,在经历过一些失败和坎坷后,我们只有乐观,才能振作,才能重新开始,如果自己先趴下了,那么就不会有新的希望。因为故事中的樵夫有乐观的心态和坚定的决心,所以他才会有快乐幸福的生活。

人生是对立统一体。哲人说人生如车,其载重量有限,超负荷运行促使人生走向其反面。我们的生命也是如此,虽然人们的欲望无限,但我们只要学会辩证看待人生,看待得失,用减法减去人生过重的负担,学会放下,那样我们就会获得轻松和惬意。否则,过于看重得失,内心的负担太重,人生就将不堪重负,苦不堪言。

　　美国的开国之父华盛顿,在第二届总统任期届满时,全国"劝进"之声四起,但他以无比坚强的意志坚持卸任,完成了人生的一次具有重要意义的"失去",至今美国人民仍自豪于华盛顿为美国建立的制度。华盛顿的人生哲学值得我们去思考,他失去了所谓的权位,却换来了更多的"得"——良好的制度、人民的爱戴、自己内心的清净……

　　其实,人要有所得,必然会有所失,只有当我们看淡得失,愿意舍弃一些东西的时候,我们才会得到更多。

　　有一个小和尚问老和尚:"都说僧人是皈依佛门,四大皆空,讲究一种虚静。那么我们来世上一遭,究竟为了什么呢?"

　　"为了自己的心呀。"老和尚慈爱地开导小和尚说,"世界上属于我们的太多太多了,自由的身心、超脱的意念,以及蓝天白云,还有美不胜收的山山水水。"

　　老和尚看那小和尚一脸困惑的样子,于是又详细地补充说:"当一个人四大皆空时,这世间的一切都是他的了。见山是山,见水是水,我们梦游四海、思度五岳,那么人生还有什么不可企及的呢?"

　　小和尚听完后似懂非懂地说:"那尘世间的人们不也拥有这些东西吗?"

　　老和尚说:"不是那样的,尘世间有钱的人,在他的心中只会想拥有更多的钱;有宅第的人,心中只会想拥有更多的宅第;有权势的人,心中只会想拥有更多的权势……他们在拥有某项事物的同时，自己也就失去了这项事物之外的所有事物。"

小和尚听完后看着眼前的山水云月，思考了一会儿后，脸上展现出舒心的笑容。

的确，是得是失，关键看人们如何把握自己的内心，把握自己的人生。如果能够淡看得失，不过于挂心，那么，我们就会发现，人生会更有意义，我们的品格也会更有厚度，快乐也会更加丰满。

常怀一颗平常心

"淡泊以明志，宁静以致远"，沉住气，常怀一颗平常心，不过分苛求得失，反而能在不经意间收获成功。

"心平常，自非凡"，生活当中，很多人并不是因为自己能力不足而被打败，而是败给自己无法掌控的情绪。人生不如意之事十常八九，在现实生活中，在激烈的竞争形势与强烈的成功欲望的双重压力下，许多人往往会出现焦虑、欢喜、急躁、慌乱、失落、颓废、茫然、百无聊赖等困扰工作的情绪，这种情绪一旦发作，常常会让人丧失对自身定位的能力，变得无所适从，从而大大地影响个人能力的发挥，使自己的工作效能大打折扣，生活也因此变得混乱不堪。

古人云"淡泊以明志，宁静以致远"，沉住气，常怀一颗平常心，不过分苛求得失，反而能在不经意间收获成功。

2004年8月21日，在雅典奥运会女子75公斤以上级举重比赛中，在抓举比赛结束后，唐功红的成绩依然靠后，夺金形势堪忧。但好在挺举是她的优势，如果唐功红今天能超常发挥，仍然有机会向金牌发起冲击。挺举比赛开始，在抓举中成功举起125公斤的美国选手哈沃蒂第一把就成功举起了150公斤，第二把又举起了152.5公斤，第三把举起了155公斤，以总成绩280公斤结束了比赛。而在前两次失败后，乌克兰选手维克托第三次终于成功举起了150公斤，也以总成绩280公斤结束了比赛。波兰选手罗贝尔第一把成功举起了165公斤，但在第二把167.5公斤时重心偏后失败，第三次试举也失利，最终以总成绩295公斤结束了比赛。韩国选手张美兰出场第一把就成功举起了165公斤，但在举170公斤时告负，第三次试举时，张美兰举起了172.5公斤，给唐功红夺金增添了难度。

轮到唐功红出场了，抓举落后对手7.5公斤的她，必须奋力一搏。这时候她心里只想着一句话，那是教练对她说过的——"拼了，你随意去举，举起举不起都是英雄，死也要死在举重台上。"

此时的杠铃重量已是172.5公斤，第一举重心偏后没有成功。第二次登场，唐功红咬紧牙关，成功举起了这一重量，显示了她超群的挺举实力。第三把唐功红要了182公斤，只见她顶住压力，顽强挺举了这个重量，最终以302.5公斤拿到了这块金牌，打破了挺举和总成绩的世界纪录。

"拼了，你随意去举，举起举不起都是英雄，死也要死在举重台上。"勇者的气魄在这一刻展现得淋漓尽致。这时候的唐功红心里并没有想着要赢、要胜利,她想的只是尽力而为。

最终,她以一颗平常心收获了沉甸甸的金牌。

无论做事还是做人,除了要善于抓住时机、懂得运用必要的技巧之外,还需要沉得下心来,保持一颗平常心。这种平常心,对于一名想要有所成就的人来说是十分重要的。

所谓平常之心,就是不能只想成功,而拒绝失败、害怕失败,要能正确对待成功与失败。成功了,不骄傲自满,不狂妄自大;失败了,也应该平静地接受。失败是生活中不可缺少的内容,没有失败的生活是不存在的。生活中没有常胜将军,任何一个渴望

成功的人，都应该以一颗平常心平静地面对生活给予的各种困难、挫折和失败。

张薇大学毕业后求职受挫，最后终于在一家小公司里谋得一份业务员的工作。尽管这份工作与她名牌大学的学历不符，但她并不计较，因为她懂得：一个人只有让自己的心灵回归到零，保持一颗平常心，学会忍耐，才能在这个社会上立足，才会取得事业的发展。面对刁钻的同事和无理取闹的客户，她时刻提醒自己：我是在学习，我要坚持。她咬紧牙关，忍受着各方面的压力，在一次次的挫折中总结经验、积攒力量。两年后，她凭借出色的业务能力、坚忍的态度和坚韧的品格，成为该公司的业务经理。

生活中，这种不计较得失、不苛求回报的平常心是非常重要的。

无论面对成功或失败，都必须保持一种健康平常的心态。保持一颗平常之心，并不是放弃进取之心、成功之心，而是通过平常之心，使进取之心、成功之心得到升华。保持平常心，实质是让外在的世界和内心保持一个平衡，有了这种平衡，悲欢离合皆能内敛，人会少些焦虑、少些浮躁，多一份安适、多一份恬静，心似一泓碧水，清澈明亮，继而胸襟为之开阔。而这，才是真实而快乐的人生。

要保持一颗平常心，就要培养顺其自然的心态。你要让自己的心情彻底放松下来，要沉得住气，不要让欲望牵着你到处奔跑，让脚步随着心态走，让浮躁的心安顿下来，体会海阔天空。事实上，你对生活多一分平常心，也就多收获一分从容和洒脱。

少要多做,少说多做

只要你不计较得失,人生还有什么是不能想办法克服的?

宋代大文豪苏轼说过:"天下者,得之艰难,则失之不易;得之既易,则失之亦然。"这句话告诉我们一个简单的道理,想要得到一个东西,就要付出努力去不断争取,这可谓是"失之不易"。否则,要而不做,或少做,我们就得不到或容易失去。凡事要得少一点,而向着自己的选择和目标多努力一点,成功也便近在咫尺了。

对艾伦一生影响深远的一次职务提升是由一件小事情引起的。

一个星期六的下午,一位律师(其办公室与艾伦的在同一层楼)走进来问艾伦,哪儿能找到一位速记员来帮忙——手头有些工作必须当天完成。

艾伦告诉他,公司所有速记员都去看球赛了,如果晚来5分钟,自己也会走。但艾伦同时表示自己愿意留下来帮助他,因为"球赛随时都可以看,但是工作必须在当天完成"。

做完工作后,律师问艾伦应该付他多少钱。艾伦开玩笑地回答:"哦,既然是你的工作,大约1000美元吧。如果是别人的工作,我是不会收取任何费用的。"律师笑了笑,并向艾伦表示谢意。

艾伦的回答不过是一个玩笑,并没有真正想得到1000美元。

但出乎艾伦意料的是，那位律师竟然真的这样做了。6个月之后，在艾伦已将此事忘到了九霄云外时，律师却找到了艾伦，交给他1000美元，并且邀请艾伦到自己公司工作，薪水比现在高出1000多美元。

没想到艾伦是"无心插柳柳成荫"。放弃了自己喜欢的球赛，诚心地助人解决问题，不过就是举手之劳而已，但是不仅得到了1000美元，还拥有了一份更好的职务。

生活中有时就是这样，我们想要去达到的，却不一定就能实现，而我们努力去做了的，就可能得到丰厚的回报。少要多做，少说多做，就是这样一个简单的道理。

有两个朋友，结伴去遥远的地方寻找人生的幸福和快乐。他们一路上风餐露宿，在即将到达目的地的时候，遇到了一条风急浪高的河流，而河的彼岸就是幸福和快乐的天堂。

关于如何渡过这条河，两个人产生了不同的意见。一个建议砍伐附近的树木造一条木船渡过河去；另一个则认为无论哪种办法都不可能渡过这条河，与其自寻烦恼和死路，不如等河干了，再轻轻松松地走过去。

于是，建议造船的人每天砍伐树木，辛苦而积极地制造船只，并学会了游泳；而另一个人则每天躺着休息睡觉，然后到河边观察河干了没有。

直到有一天，已经造好船的朋友准备过河的时候，另一个朋友还在讥笑他愚蠢。

不过，造船的朋友并不生气，临走前只对他的朋友说了一句话:"去做每一件事不一定都能成功,但不去做则一定没有机会获得成功!"

是的,躺着思想,不如站起来行动。停留在分析和规划阶段,不拿出行动,就永远达不到目标。

不要把想要得到只当作一种无法实现的空想,关键是要去做,要付诸行动。少一些口号,多一些实事求是,脚踏实地,才能够得到自己想要的东西。付出多少,得到多少,这是亘古不变的因果法则。也许你的投入无法立刻得到相应的回报,不要气馁,应该一如既往地多付出一点。这样回报就可能于不经意间,以出其不意的方式来到你面前。记住,少要多做,你才能够把事情做得更好,千万不能捡了芝麻丢了西瓜,行动才是制胜法宝。

沉潜是为了更好地腾飞

人生需要慢慢积淀,当时机成熟、风力充足,有了一定的能力、才智作为本钱,定能一飞冲天。

《庄子》开篇的《逍遥游》中有一段话这样写道:"北冥有鱼,其名为鲲。鲲之大,不知其几千里也;化而为鸟,其名为鹏。鹏之背,不知其几千里也;怒而飞,其翼若垂天之云。"庄子说深海里头有条鱼,突然一变,变成天上会飞的大鹏鸟。鲲化鹏这个问题含义丰富,包含了两个方面——沉潜与飞动。潜伏在深海里的鱼，突然一变，变成了远走高飞的大鹏鸟。

《逍遥游》一开始便告诉我们一个道理，人生的某个时刻，或是一个人年轻之时，或是修道还没有成功的时候，或是倒霉得没有办法的时候，必须沉潜在深水里头一动不动，只有修到相当的程度，摇身一变，便能升华高飞了。相反，一个人若不懂得沉潜蓄势，那么他的人生很难有真正的成就。

一位年轻的画家，在他刚出道时，3年没有卖出去一幅画，这让他很苦恼。于是，他去请教一位世界闻名的老画家，他想知道为什么自己整整3年居然连一幅画都卖不出去。那位老画家微微一笑，问他每画一幅画大概用了多长时间。他说一般是一两天吧，最多不过3天。那老画家于是对他说："年轻人，那你换种方式试试吧，你用3年的时间去画一幅画，我保证你的画一两天就可以卖出去，最多不会超过3天。"

故事中的青年的经历不免让人惋惜，可是现实中，很多时候我们都是在重复着和青年一样的错误。其实，为人处世，沉潜的日子相当于长长的助跑线，能够让我们飞得更高更远。《三国演义》中曹操与刘备青梅煮酒，遥指天边龙挂，曾云：龙能大能小，能升能隐；大则兴云吐雾，小则隐介藏形；升则飞腾于宇宙之间，隐则潜伏于波涛之内。方今春深，龙乘时变化，犹人得志而纵横四海。龙之为物，可比世之英雄。其实，这其中便蕴含着鲲鹏沉潜高飞之道。

放眼古今中外，有很多沉潜蓄势、厚积薄发的故事。很多人在经历了一次又一次的挫折之后，披荆斩棘，终于闯出了自己的一片天地。用道家的智慧来解释就是人要先学会沉潜,才能最终腾起,明朝开国皇帝朱元璋便是深谙此道之人。

元末农民战争风起云涌,在几路起义军和较大的诸侯割据势力中,除四川明玉珍、浙东方国珍外,其余的领袖皆已称王、称帝。最早的徐寿辉,在彭莹玉等人的拥立下,于元至正十一年(1351年)称帝,国号天完。张士诚于元至正十三年(1353年)自称诚王,国号大周。刘福通因韩山童被害,韩林儿下落不明之故,起兵数年未立"天子",至元至正二十年(1360年)徐寿辉被部下陈友谅所杀,陈友谅自立为帝,国号大汉。四川明玉珍闻讯,也自立为陇蜀王,一时间,九州大地,"王""帝"俯拾皆是。

此时只有朱元璋依然十分冷静,他明白要想最终夺得天下,目前掩藏锋芒,暂时沉潜,是最好的选择。所以,他坚定地采纳了"缓称王"的建议。朱元璋成为一路起义军的领袖,始终不为称"王""帝"所动,直到元至正二十四年(1364年)朱元璋才称吴王。至于称帝,那已是元至正二十八年(1368年)的事情了。此时,天下局势已明朗,也就是说,朱元璋即便不称帝,也是事实上的"帝"了。

与其他各路起义军迫不及待地称王的做法相比较,朱元璋的"缓称王"之战略不可谓不高明。"缓称王"的根本目的,乃在于最大限度地减少己方独立反元的政治色彩,从而最大限度地降低元朝对自己的关注程度,避免或大大减少了过早与元军主力和强劲诸侯军队决战的可能。这样一来，朱元璋就更有利于保存实力、积蓄力量，从而求得稳步发展了。以暂时的沉潜换取最终的成功，这正是朱元璋过人之处。

所以，做人要使自己立于不败之地，就要根据外界形势的变化，灵活地保存实力，关键时刻再出手以赢得胜利。当我们面前困难重重，出头之日遥不可及时，何不学学朱元璋？暂时沉潜绝非沉沦，而是自强。如果我们在困境中也能沉下气来，在喧嚣中也能沉下心来，不被浮华迷惑，专心致志积聚力量，并抓住恰当的机会反弹向上，毫无疑问，我们就能成功登陆。反之，总是随波浮沉，或者怨天尤人，注定会被命运的风浪玩弄于股掌之间，直至精疲力竭。甘于沉下去，才可浮出来。

人生需要慢慢积淀，当时机成熟，风力充足，有了一定的能力、才智作为本钱，定能一飞冲天。一个人想要最终获得一个圆满、成功、幸福的人生，一定需要一个成功势能积累的过程。成功绝不是一蹴而就的，只有静下心来日积月累地积蓄力量，才能够"绳锯木断，水滴石穿"，从最低处获得成功。

第十一章
放下身段,拓宽职路

职场低姿态,赢得他人心

低姿态不仅是种手段,也是种态度。你越充分地运用这种方法,你就越有可能赢得别人的心。

俗语中常说"人往高处走,水往低处流"。这是比喻人们要有一颗积极向上的心,但同时也需要有水往低处流那样的谦逊和低调。自古以来人们都不喜欢锋芒毕露的人,所谓"出头的鸟先挨打""出头的椽子先烂",所以保持谦逊与低调是进取和成功的必要前提。

在职场中,人们只有把自己的姿态放低,懂得谦虚,肯接受批评,才能更好地与人相处。一个谦虚的人必定是一个成熟的典范,所以"成熟的稻穗总是低着头"。那些有真才实学的人往往都是虚怀若谷、谦虚谨慎的,他们明白强中自有强中手,一山更比一山高。而往往那些对事情一知半解的人,反而是骄傲自大、自以为是。

苏东坡小的时候，在自己的书房门上贴了一副对联：

识遍天下字；

读尽人间书。

应该说，苏东坡的雄心壮志是无可厚非的。但是"天下字"多如牛毛，真的能够"识遍"吗？"人间书"汗牛充栋，真的能够"读尽"吗？未免有点儿狂啊！

这事被一位老者知道了，一天，他拿着一本小书，向苏东坡请教。苏东坡接过小书一看，里面有许多字自己都不认识，这本小书自己更是没见过，不禁十分羞愧。老人取回小书，又盯着苏东坡书房门上的对联看了好一会儿，不禁摇摇头走开了。

苏东坡看在眼里，觉得自己的这副对联确实狂了一点，很不应该，于是拿起笔来，在开头多添了两个字：

发愤识遍天下字；

立志读尽人间书。

这一改，去掉了原先的狂气，变成了努力奋斗的志向。从此以后，苏东坡变得谦逊起来，孜孜不倦地识字、读书，终于成为一代大诗人、大文豪。这难道仅仅是因为加了几个字而已吗？不是的，正是这种谦逊的态度成就了我们的大诗人、大文豪。

诸葛亮说过不傲才以骄人，不以宠而作威。吕坤说过气忌盛，心忌满，才忌露。魏征说过："念高危，则思谦冲而自牧；惧满溢，则思江海下百川。"申居郧说过好说己长便是短，自知己短便是长。所以我们说谦虚不是表面上接受人们的意见而仍然不改,也不是盲从或不争论。其根本的目的是要认识到自己的不足,找到与别人的差距,然后从不足和差距中找到原因,最后使自己更进一步。

身处职场,许多人往往喜欢尽量表现出自己比别人强,或者努力地证明自己是有特殊才干的人,然而一个真正有能力的领袖是不会自吹自擂的,所谓"自谦则人必服,自夸则人必疑"就是这个道理。

谦虚谨慎,保持低姿态,寻找并讲出对方的优点,让对方觉得有面子,感到光彩。这样一来,对方与你的关系便走近了一步。最终,从中受益、被人尊重的,还是你自己。

在秦始皇陵兵马俑博物馆,有一尊被称为"镇馆之宝"的跪射俑。它被誉为兵马俑中的精华,中国古代雕塑艺术的杰作。它左腿蹲屈,右膝跪地,右足竖起,足尖抵地。上身微左侧,双目炯炯,凝视左前方。两手在身体右侧一上一下做持弓弩状。

如今,秦兵马俑坑已经出土,清理各种陶俑1000多尊,除跪射俑外,皆有不同程度的损坏,需要人工修复。而这尊跪射俑是保存最完整的,仔细观察,就连衣纹、发丝都还清晰可见。这究竟为何呢?

专家告诉我们,这得益于它的低姿态。一方面,跪射俑身高只有1.2米,而普通立姿兵马俑的身高都在1.8~1.97米之间。天塌下来有高个子顶着,兵马俑坑都是地下坑道式土木结构建筑,当棚顶塌陷、土木俱下时,高大的立姿俑首当其冲,低姿的跪射俑受损害就小一些。另一方面,跪射俑做蹲跪姿,右膝、右足、左足三个支点呈等腰三角形支撑着上体,重心在下,增强了稳定性。

其实,职场做事也是如此,保持低姿态,避开无谓的纷争,就能避开意外的伤害,更好地提升自己。

古人常说:"谦卑者其实最高贵。"这是因为谦卑是高贵者的通行证,君子懂得谦让,因此行万里也会路途顺畅。小人好争斗,因此还未动步,路已被堵塞。君子知道屈可以为伸,因而受辱时不反击;知道谦让可以战胜对手,因而甘居人下而不犹豫,到最后时,就会转祸为福,让对手知错而成为朋友,使怨仇不传给后人,而美名扬以至无穷。

低姿态不仅是种手段,也是种态度。你越充分地运用这种方法,你就越有可能赢得别人的心。职场保持低姿态,才能让自己游刃有余,赢得他人心。

进是前,退亦是前

退却一步,才能冲得更远;谦卑反省,才会升得更高。

人生时空本就是圆的。在我们的世界里,既有前面的半个世界,还有后面的另外半个世界。而这第二个世界就叫作"回头"。

工作中,我们难免会遇到挫折,遇到困境要懂得能屈能伸，须知退一步海阔天空，退是一种积蓄的生命姿态。运动健将在冲跳前往往有后退的姿势；拉弓射箭必须架弓在弦上，呈屈退的状态。只有这样，才能跳得高、射得远。

以退为进，是工作中的一种大智慧。退并不是忍让和怯懦，而是坚韧和刚强，真正的大丈夫是能屈能伸的，退只是表象，蓄势待发才是本质。

退本身就是在前进，退是在积蓄前进的力量。

一位学僧斋饭之余无事可做，便在禅院里的石桌上作起画来。画中龙争虎斗，好不威风，只见龙在云端盘旋将下，虎踞山头作势欲扑。但学僧描来抹去几番修改，仍是气势有余而动感不足。

正好无德禅师从外面回来，见到学僧执笔前思后想，最后还是举棋不定，几个弟子围在旁边指指点点，就走上前去观看。学僧看到无德禅师前来，就请禅师点评。

禅师看后说道："龙和虎外形不错，但其秉性表现不足。要知道，龙在攻击之前，头必向后退缩；虎要上前扑时，头必向下压低。龙头向后屈度越大，就能冲得越快；虎头离地面越近，就能跳得越高。"

学僧听后非常佩服禅师的见解，于是说道："师父真是慧眼独具，我把龙头画得太靠前，虎头也抬得太高，怪不得总觉得动态不足。"

无德禅师借机开示："为人处世，亦如同参禅的道理。退却一步，才能冲得更远；谦卑反省，才会升得更高。"

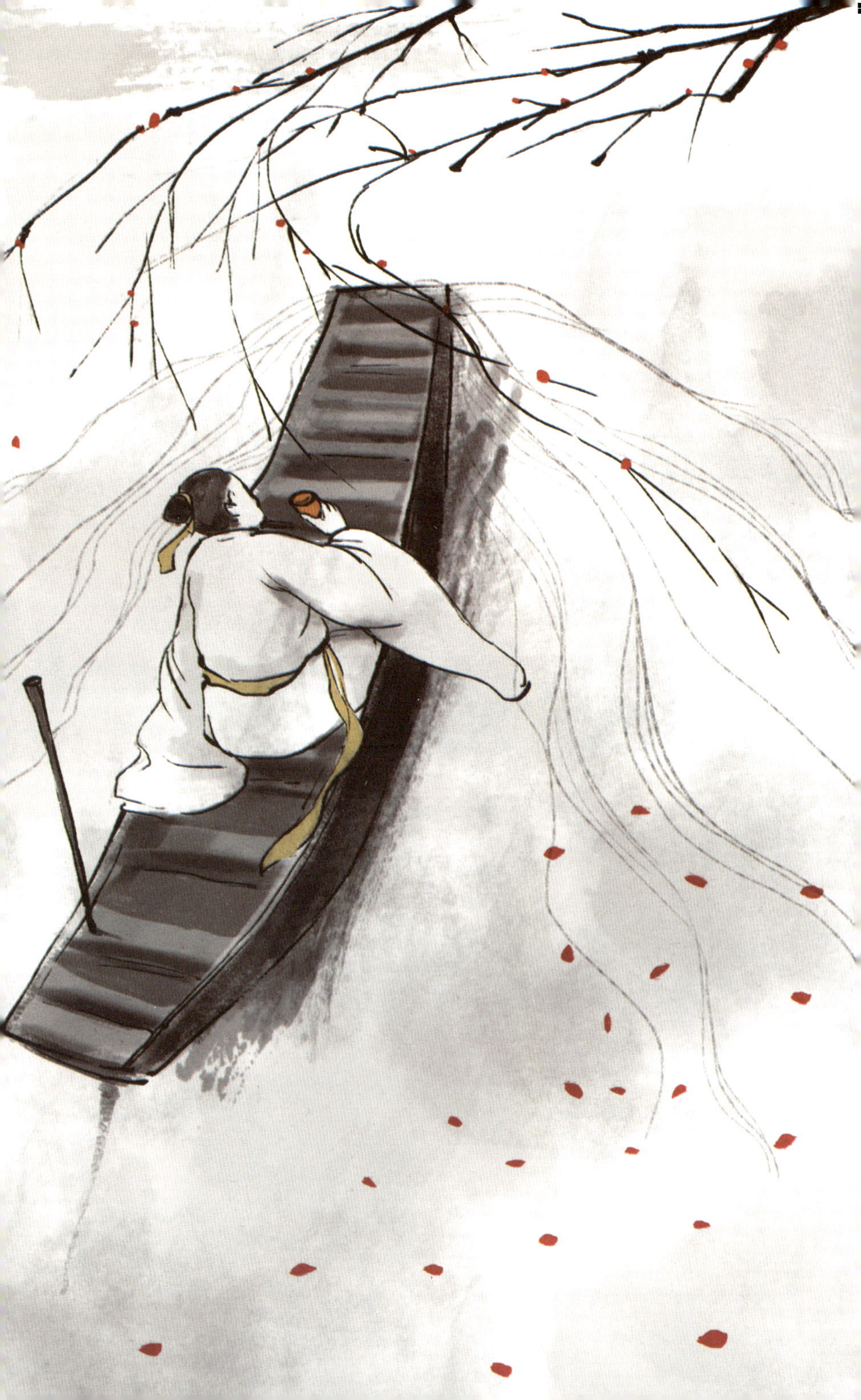

另外一位学僧有些不解，问道："师父！退步的人怎么可能向前？谦卑的人怎么可能升得更高？"

无德禅师严肃地对他说："你们且听我的诗偈：手把青秧插满田，低头便见水中天。身心清净方为道，退步原来是向前。你们听懂了吗？"

学僧们听后，点头，似有所悟。

无德禅师此刻在弟子们心中插满了青秧，不知弟子们是否看见了秧田的水中天？

世上有的人只知道前面的世界，只晓得向前迈进，却不知后面还有一个更宽广的世界。遇到困难不懂得转身，不懂得回头，因而经常撞得鼻青脸肿。进是前，退亦是前，何处不是前？在与他人发生冲突时，与其因为正面冲撞而阻断了自己的去路，莫不如忍得一时，谦让一步，与人方便，也与己方便。

人常有一种错误倾向：看高不看低，求远不求近。殊不知，"登高必自卑，行远必自迩"。有时候，退让并不是完全消极，反而是积极转进。低下头来，低头便见水中天。

懂得给自己留条退路，遇事才有转圜的空间，如果处处给自己限定，将永远走不出自设的死胡同。

游走职场，要把握前进的艺术，进是前，退亦是前。

融入集体，避开边缘化

什么都主动去学一点，什么都关心一点，总会找到一个大家觉得非你不可的位置。

融入群体，是所有的职场中人都需要学习的。如果你不被群体接纳，你就是"边缘化"的人，这样的人没有渠道得不到最新的工作资讯，很容易被淘汰掉。

还有一个客观的现实就是，每个人的成长环境不一样，文化水平和兴趣爱好也不一样。尽管大家的工作相似，但是解决问题的方式、生活习惯有很大差异，甚至有些独生子女，不懂得照顾别人的感受。这些客观的东西，也使同一个团队的人相互间不了解、不接纳。

所以一个人要想真正融入群体中，先要了解这些客观的、主观的因素，然后一一对症下药。团队中大部分人平时的交流话题，你要知道一点。人家都在谈论新演的话剧，你也可以去看一看，认真思考之后发表点有价值的评论；大家都喜欢下班后去坐一坐，喝点啤酒，你就不要十万火急地回家做饭，陪大家聊一聊，这样可以知道点大家工作中的收获、问题；有人约你去郊游，不要总是以有朋友约会拒绝，不然大家就不再约你了。

身处职场，有的人不知道自己为什么总是被排斥在群体之外，其实，可能是因为你自己的消极、冷淡、拒绝让别人对你失去了好感。什么都主动去学一点，什么都关心一点，总会找到一个大家觉得非你不可的位置。

职场中人,要有针对性地融入集体、尽可能多地参与各项核心业务、培养一两种众人皆会的兴趣,渐渐地,边缘化问题便能得到缓解了,这样才能降低被职场淘汰的危险。

低调做人,高调行事

行事要小心,做人要低调。

子曰:"邦有道,危言危行;邦无道,危行言孙。"对于这句话,南怀瑾先生是这样解释的:"孔子说,社会、国家上了轨道,要正言正行;遇到国家、社会乱的时候,自己的行为要端正,说话要谦虚,不然则会引火上身。"南怀瑾先生是在告诫我们要注意说话方式,行事要小心,做人要低调。

南怀瑾先生总说他这一生"一无是处,一无所长",而实际上他却是阅尽人间风光。南怀瑾先生的低调就很值得我们学习。

这种低调做人的哲学透镜,反射出一种朴素的平和与自然的情调,并在出世与入世的平衡中,向我们提供了低调做人的终极启示。

可是低调归低调,在做事上却应该向高标准看齐。

张廷玉是清朝有名的重臣,雍正初晋大学士,后兼任军机大臣。张廷玉虽身居高官,却从不为子女们谋求私利。他秉承其父张英的教诲,要求子女们以"知足为诫",其代子谦让一事即为突出的例子。

张廷玉的长子张若霭在经过乡试、会试之后,于雍正十一年三月参加了殿试。诸大臣阅卷后,将密封的试卷进呈雍正帝亲览定夺。雍正帝在阅至第五本时,立即被那端正的字体所吸引,再看策内论"公忠体国"一条,有"善则相劝,过则相规,无诈无虞,必诚必信,则同官一体也,内外亦一体也"数语,更使他精神为之一振。雍正帝认为此论言辞恳切,"颇得古大臣之风",遂将此考生拔置一甲三名,即探花。后来拆开卷子,方知此人即大学士张廷玉之子张若霭。雍正帝十分欣慰,他说:"大臣子弟能知忠君爱国之心,异日必能为国家抒诚宣力。大学士张廷玉立朝数十年,清忠和厚,始终不渝。张廷玉朝夕在朕左右,勤劳翊赞,时时以尧舜期朕,朕亦以皋、夔期之。张若霭秉承家教,兼之世德所钟,故能若此。"并指出,此事"非独家瑞,亦国之庆也"。为了让张廷玉尽快得到这个喜讯,雍正帝立即派人告知了张廷玉。

可是张廷玉却不这么认为,他要求面见雍正帝。获准进殿后,他恳切地向雍正帝表示,自己身为朝廷大臣,儿子又登一甲三名,实有不妥。没容张廷玉多讲,雍正帝即说:"朕实出至公,非以大臣之子而有意甄拔。"张廷玉听罢,再三恳辞,他说:"天下人才众多,三年大比,莫不望为鼎甲。臣蒙恩现居官府,而犬子张若霭登一甲三名,占寒士之先,于心实有不安,倘蒙皇恩，名列二甲，已为荣幸。"张廷玉是深知一、二甲的这一差别的，但是为了给儿子留个上进的机会，他还是提出了改为二甲的要求。雍正帝以为张廷玉只是一般的谦让，便对他说："伊家忠尽积德，有此佳子弟，中一鼎甲，亦人所共服，何必逊让？"张廷玉见雍正帝没有接受自己的意见，于是跪在皇帝面前，再次恳求："皇上至公，以臣子一日之长，蒙拔鼎甲。但臣家已备沐恩荣，臣愿让与天下寒士，求皇上怜臣愚忠。若君恩祖德，姑庇臣子，留其福分，以为将来上进之阶，更为美事。"张廷玉"陈奏之时，情词恳至"，雍正帝"不得不勉从其请"，将张若霭改为二甲一名。在张榜的同时，雍正帝为此事特颁谕旨，表彰张廷玉代子谦让的美德，并让普天下之士子共知之。

可喜的是张若霭十分理解父亲的做法，而且不负父亲的厚望，在学业上不断进取，后来在南书房、军机处任职时，尽职尽责，颇有其父之风。

父能秉低调做人之原则，而其子又不负众望，能行高标之事，实在是皆大欢喜。

一个人刚进入职场新环境，最重要的就是要适应，保持谦虚与低调，同时知道积极与主动。在为人处事中，更是要尽量做到低调做人，保存实力；努力进取，高调行事。这样才能有效地保证自己在激烈的职场竞争中立好足，定好位。

沉下心来，从基层做起

基层是最容易积累工作经验的地方，也是最锻炼人的地方。

每个人都会有一个伟大的梦想，但纵使再宏伟的建筑也要从地基开始。本田的总裁最初是从小小的推销员做起，大企业当年也是从小平房起步。脚踏实地才能成就非凡事业，眼高手低只会让自己游走于困惑与茫然的边缘。只有那些能真正沉下心来，从基层好好做起的人，才能慢慢积累，最终获得成功。

然而，并不是每个人都能明白这个道理。

从前有个富翁，愚蠢无知。有一次，他到另一个富翁的家里，看见一座三层高的楼房，楼又高又大，富丽堂皇、宽敞明亮，他十分羡慕，心里想："我的钱财并不比他少，为什么以前没想到造一座这样的楼呢？"他立刻唤来工匠，问道："你能不能照着那家的样子造一座漂亮的楼？"木匠回答说："那座楼就是我造的。"富翁便说："那你现在就为我造一座像那样的楼。"

于是工匠便开始量地基，叠砖，造楼。富翁看见工匠叠砖，心生疑惑，不晓得是怎么一回事，就问工匠："你这是打算造什么？"工匠回答道："造三层的楼呀！"富翁又说："我不要下面两层，你先给我造最上面的一层。"

工匠答道："没这样的事！哪有不造最下一层楼而造第二

层楼的？不造第二层楼又怎么谈得上造出第三层楼呢？"

这个愚蠢的富翁固执地说："我就是不要下面两层楼，你一定得给我造最上面的一层楼！"

其他的人听说了这件事，都会笑话他。所谓"万丈高楼平地起"，高耸的楼房也是从地基开始，一砖一瓦搭建而成；高大的树木是由一粒种子开始，下土发芽生根慢慢长大而成；成功的事业是从一件件小事开始，一点一滴积累而成。

建筑房屋要从地基开始造，这我们每个人都知道，然而对于事业要从点滴小事做起，我们许多人却对此颇为不屑，深感自己"才高八斗""壮志凌云"，大材小用是对人才的浪费！

李嘉诚说："不脚踏实地的人，是一定要当心的。假如一个年轻人不脚踏实地，我们使用他就会非常小心。你造一座大厦，如果地基不好，上面再牢固，也是要倒塌的。"浅陋无知的人，就像故事中的富翁，只留意风光富丽的外表，却忽视了其所必需的内在支撑。没有根基的大厦，很快就会倒塌；没有踏实的工作，成功也永远是空中楼阁。我们如果想在未来走得更好、更远，就应该摒弃急功近利的妄念，沉下心来，把基础打牢。

一家驻北京的跨国公司招聘员工，吸引了大批年轻人，但由于标准很高，许多人都被刷了下来。经过一番严格的筛选之后，一位年轻人脱颖而出，公司对他的表现也很满意。公司的人力资源部经理和他先后谈了三次，最后，问了他一个出人意料的问题："如果我们要你先去洗厕所，你愿意吗？"

年轻人毫不在意地说:"我们家的厕所一贯都是我洗的。"结果他成功入选。原来,这家公司训练员工的第一课就是洗厕所,因为在服务行业里,他们的理念是:只有从最底层的工作开始学习,才能够真正懂得"以客为尊"的道理。

事后,有人问这位年轻人,当时你为什么那么干脆回答自己愿意洗厕所呢?年轻人说:"我刚毕业,没有工作经验,不可能一开始就能跃居高位,从底层做起,对我来说是很自然的事,这样更能锻炼自己。"

在工作中,谁都希望能得到上司的信任与重用,都希望上司能把最重要的工作交给自己完成,但不是每一个人都能如愿以偿。一般来说,那些脚踏实地、埋头苦干的人较之其他人,更容易得到上司的青睐,而那些眼高手低、心浮气躁的员工,则常常被排斥在升迁、重用的大门之外。究其原因,一方面,公司担心他们不具备过硬的业务处理能力,不足以担当重任;另一方面,公司也认为,此类人太过浮躁,难以与公司同舟共济。

而这位年轻人的可贵之处就在于有自知之明,能对自己进行准确的定位。相比之下,许多员工则对自己抱有不切实际的期望，认为自己一开始就应该受到重用，不愿意从最基本的工作做起，认为底层的工作没有任何意义，对自己毫无价值。

其实，对我们来说，接受底层的工作锻炼是非常有必要的。底层的工作可以帮助我们在琐碎的工作中更好地看清自己，认识自己的价值所在，更好地找准自己的位置。再者，对于刚到一个新的工作环境的人来说，你对公司的各个环节不甚了解，仅仅从简历上的那些信息来看又不足以说服公司把你放到重要位置上，实战经验不足，因此老板不委以重任，也是很正常的事情。既然如此，这就要求我们学会放低姿态，沉住气，努力提升自己，一旦你的能力得到充分凸显，老板是自然不会把你放在低位上浪费人才的。

基层是最容易积累工作经验的地方，也是最锻炼人的地方。基层的工作给了你一个熟悉业务、掌握业务的机会，是一个经验积累的平台。沉住气，从基层做起，可以锻炼你的能力，从而更好地磨炼自己。

凡是事业上有所作为的人，都是踏踏实实地从做简单的工作开始，慢慢发展起来的。他们通过做一些微不足道的小事找到自我发展的平衡点和支点，在沉得住气中积蓄力量，逐步迈向成功。

第十二章
放下输赢，商海互惠

放下输赢，取得双赢

没有绝对的竞争，也没有绝对的合作，因为两者是可以转化的。

人们习惯于非此即彼的思维方式，对自己人尽量偏袒照顾，对竞争对手则必须要赶尽杀绝。早期的企业经营者很少有人会知道，在竞争的过程中除了输赢还有第三种可能，那就是共赢。其实在商业社会中，竞争与合作是可以转化的。那种靠消灭竞争对手取得胜利的做法已经过时，现代企业家要学会"与狼共舞"，跟对手深度合作，实现"双赢"乃至"多赢"。

人类的发展充满战争与和平的轮换轨迹，这也是自然界竞争法则的一个缩影。商场如战场，虽然没有硝烟却危机四伏。企业要发展壮大，商人要追求利润，竞争自然不可避免。在商海中，最重要的是首先得顾及对方的利益，不可斤斤计较。对方无利，自己也就无利。要舍得让利使对方得利，这样，最终会为自己带来较大的利益。

现代商人要信奉"商者无域，相容共生"的商业哲学。世间万物都是可以互相转化的，采用让利法则不仅能实现既得利益，还能够招来更多的合作伙伴，使你的财源滚滚而来。竞争与合作的平衡统一是获得成功的重要秘诀。但是，商业合作必须有三大前提：一是双方必须有可以合作的利益，二是必须有可以合作的意愿，三是双方必须有共享共荣的打算。此三者缺一不可。

只看重输赢的人，不懂得双赢。因此，商海竞争中，人们要看低输赢，学会合作互利，共同发展。

敢于吃亏，妥协共赢

一个不会服从命令的士兵不是一个好士兵，同样，一个不会妥协的企业家不是一个卓越的企业家。

在商海中，做事有长远计划的人，不会只计较自己的获得，而是懂得在适当的时候舍弃。因为他们知道，有时候"吃亏"并不是一种灾难，而是在经历了一番舍弃以后，才能获得更多的收获。

有个年轻人，大学毕业后进入出版社做编辑，他的文笔优美，工作更是负责。那时出版社正在进行一套丛书的编辑，每个人都很忙，但领导并没有增加人手的打算，于是编辑部的人也被派到发行部、业务部帮忙。但整个编辑部只有那个年轻人能随时接受领导的调遣，其他人都不愿意帮忙。

这个年轻人说："吃亏就是占便宜！"

事实上他做的工作似乎是费力不讨好，他要帮忙包书、送书，像个苦力一样。后来他又去业务部，参与直销工作，包括取稿、跑印刷厂、邮寄……只要有人开口要求，他都乐意帮忙。

两年过后，他自己成立了一家出版公司，公司经营得有声有色。

原来他是在吃亏的时候，把出版社的编辑、发行、直销等工作流程都摸熟了。他成了这方面的行家里手。

现在，他的公司规模越来越大，但他仍然抱着这样的态度做事，对作者，他用吃亏来换取信任；对员工，他用吃亏来换取他们的积极性；对印刷厂，他用吃亏来换取品质……

这个年轻人的确很值得人敬佩。但是在现实生活中，有几个人可以做到呢？很多人只想占便宜，不肯吃亏，那怎么可能做出成就呢？

中国古人说"将欲取之，必先予之"，说的就是吃小亏、占大便宜的道理。这种思考问题的方式其实是共赢思维的一种表现。企业家要学会共赢思维，就要学会妥协。妥协并不是无原则，而是着眼未来。在市场竞争激烈的今天，企业家更要学会妥协，无论是战略思考、团队合作，还是决策管理、产品营销都要通过妥协来实现共赢。

可口可乐一开始进入中国时，向中国赠送了两条生产线，价值约100万美元。可口可乐公司宣称，这是为了让驻华使馆的工作人员可以喝到正宗的可口可乐饮料。可口可乐的这一举动看起来是赔本买卖，其实却为它赚足了信誉和形象，现在，遍布国内的可口可乐生产线，每一条都是投资者自己掏钱购买的。可口可乐将敢于吃亏的策略运用得娴熟至此，不得不让人佩服。

妥协共赢是一种战略谋划，企业家应该充分领会其中的思维价值。

如果企业家和经理人在决策中，不能得到任何实质利益，倒不如放弃自己的利益，成全对方，反而能落个顺水人情。

管理大师彼得·德鲁克认为，决策必然会遇到妥协，妥协是决策的常态。柳传志曾送给他的接班人杨元庆一句话：要学会妥协。企业家要学会妥协，不要把自己的决定强加给下属，必须争取他们的支持，减少决策的阻力，为决策执行营造良好的内部环境。一个不会服从命令的士兵不是一个好士兵，同样的，一个不会妥协的企业家不是一个卓越的企业家。

现代竞争思维认为，妥协不是服从，服从就是执行命令，妥协则是决策上的让步。优秀的企业家绝不会在涉及价值观等核心问题上让步。善于妥协并不是一味地忍让和无原则地妥协，而是表示对对方的尊重，尊重对方的文化、价值观及利益。总之，妥协是必要的让步，妥协是为了实现双赢、共赢。

在激烈的商海竞争下，商海人士要学会妥协，敢于吃亏，才可能最终成为大赢家。

拿得起，更要放得下

放下是一种觉悟，更是一种自由。

上海阜康钱庄的挤兑风潮波及了杭州，正当胡雪岩全力调动，苦撑场面的时候，传来了宁波的两家钱庄倒闭关门的消息。宁波的这两家钱庄都是胡雪岩名下的。挤兑风潮出现的时候，杭州阜康的档手赶紧去了宁波，希望能够从那两家钱庄调出一些银子来应急。

可是，宁波的钱庄深受市面的影响，资金周转不灵，自身难保，不得不申请倒闭。宁波海关在查封倒闭的钱庄时，给浙江发了电报，希望东家去做善后处理。浙江藩台德馨接到电报以后，心情十分沉重。他是胡雪岩的朋友，两个人的交情不错，眼下胡雪岩出事，他不能坐视不管。

于是，他赶紧让他的姨太太赶往胡雪岩家，传话说只要宁波的两家钱庄在二十万两银子能够挽救的范畴内，他愿意无条件帮忙。胡雪岩很感谢德馨的好意，但是他拒绝接受帮助。他说，眼下危机重重，即使是往里砸银子，也不过是头痛医头，脚痛医脚。接受了德馨的二十万两银子，等于是宁波的钱庄裂开了一个缝子，虽然现在可能补上了，但是保不准哪一天又有什么地方裂开了，到时候恐怕是问题没解决，还要连累德馨。尽管眼见自己一手创立的钱庄倒闭，极其难过，但胡雪岩还是情愿丢弃不可挽救的钱庄，来保住杭州钱庄的声誉。

胡雪岩的这种思想，用现代的观点来解释，就是紧缩战线，保存可再生力量，以求再战的战略部署。生意场上，如果败局已定，及时考虑收缩战线，集中力量保住可能保住的部分，将损失减到最小，是极其必要的。如果在这个时候还不懂得舍弃，那么精力将无法集中，迟早会被分散的难题拖垮。

拿得起，更要放得下。在生活中，有时候我们付出了很多，一心想要实现一个目标，可是现实的条件没有办法达成我们的愿望时，就应该及早改变主意，另辟发展方向。如果我们不能及时放弃，就只是在没有结果的事情上浪费时间。

刘备本是一个谦虚、谨慎的人，但关羽、张飞之死深深刺激了他，为了给关羽、张飞报仇，刘备兴两川之兵浩荡东来。投东吴的关羽旧部糜芳、傅士仁，将刘备所恨者马忠杀了，献首级给刘备，刘备连糜、傅也剐了，一同祭关公。东吴诸将献计孙权，将杀张飞投东吴的范疆、张达也送还刘备，以图息战宁人，谁料刘备剐了范、张，仍怒气不消，定要灭吴。孙权在这种情况下，从阚泽言，起用陆逊为主将，统率三军抗刘。消息传来，刘备问陆逊何许人也。马良说，是东吴一书生，年幼多才，多有谋略，袭荆州便是他的计策。刘备大怒，非要擒杀陆逊为关羽、张飞报仇。马良谏道，陆逊有周瑜之才，不能轻敌。刘备却说："朕用兵老矣，岂反不如一黄口孺子耶！"

"朕用兵老矣"，但战争是残酷的，不以老幼定优劣。用兵之道，在于看谁能把握战机，而不是谁的年龄大就是谁的计谋多。刘备在此以资夸口，以为自己经历的战争多，计谋就老到，这很可笑，并且不符合实际。所以，这次战役还未开始，就注定了刘备会失败。"岂反不如一黄口孺子耶！"陆逊被他嘲为"黄口孺子"，可见刘备确实看不起年纪轻轻就统领军马的东吴新任大都督陆逊。刘备是糊涂了，不晓得当年自己桃园结义，投军拉队伍时，与关、张也曾是年轻人。其实，战争中涌现的著名将领，多是年轻时崛起的。拿破仑用炮一鸣惊人时，是年纪轻轻的军官；伏龙芝打国内战争时，是年纪轻轻的军官……刘备轻敌，瞧不起对方主将年轻，是未战而先败了一阵。其实，这句话也说明刘备放不下君主的架子。

放下是一种觉悟，更是一种自由。在考虑关键问题时，切忌把自己的身份摆进去。时时想到自己的职务，看问题就会少了客观性，多了盲目性，这样考虑问题就会不周全，处理问题就会产生偏颇，以致造成难以挽回的损失。

商海竞争中不懂得放下艺术的人，就有可能成为背负重担、蹒跚行走于商场道路的"苦行者"。因此，要想在生意场上占据有利地位，就要拿得起，更要放得下。只有把握住了其中的奥妙，才能发展壮大自己的实力，提高竞争力。

适度让利才能赢得长久利益

与其在万般无奈的情况下撤退，倒不如主动进行战略转移，把损失降到最低，以图在其他方面谋发展。

很多时候，往后退一步，才能把世界看得更清楚，行动也会更加游刃有余。向前一步，看似堵住了别人的入口，其实也堵住了自己的出路，所以才有"退一步，海阔天空"的说法。从整个大局来看，暂时的、部分的让步类似于象棋里弃卒保车的方法，是为了更大的利益。

在生意场上，如果只为了一些蝇头微利费心费力，也就只能得到蝇头微利，不可能做成大事。要想把生意做得出类拔萃，就必须把目光放长远，要看到眼前的牺牲是为了更长远的发展，如此才能有魄力作出决断。

胡雪岩在上海做生意时，上海时局并不稳定。一方面是因为小刀会起义后，洋人曾经对他们进行过接济，租界没有受到战火的影响，但是很多县城被占领了，因此清廷对洋人更为不满；另一方面，洋人曾经与太平军从事过军火交易，因此朝廷很恼怒，决定在上海设立内地海关，增加关税，对他们在上海的生意采取限制措施，颁布了禁止丝、茶运往上海的禁令。

洋人和朝廷的关系很僵，但双方又不愿意如此僵持下去。因为在这种局面下，洋人在上海的生意将会全面受影响，而清廷也就少了一道财源。胡雪岩既然想要让上海的市面活泛起来，自然想要把他们的关系打理顺当。于是他做了两件事情。

为了缓和洋人的态度，他决定把自己囤积的生丝尽快脱手。这些生丝本来是他用来控制市场、垄断价格的，在这个时候脱手，他之前的心思就白费了，但他现在并不去计较这些小利益，而是向洋人发出一个友好信号。在中国做生意的洋人通常也比较重视中国商人的态度。同时，胡雪岩还去苏州拜见时任苏州学台的何桂清，因为他自己并不能代表朝廷，还是需要官场中的人出来与洋人进行调停。

在胡雪岩这个中间人的费心努力下，双方果然休战言和，上海的市面又安定繁荣起来。在这样安定的局面下，胡雪岩才能够真正放开手脚。否则，无论是开米行，还是开戏院、茶楼等，若没有清廷的支持是不可能实现的。现在，洋人和官场达到了相互信任，胡雪岩既获得了洋人的信任，做生意多了财源，又赢得了清廷的好感，在上海经商更加游刃有余。

有些人认为如果要成就大事，就要锱铢必较，每一分每一厘都要赚个干干净净，却不知道这样做很容易捡了芝麻，丢了西瓜。

在原来紧张的时局下，胡雪岩纵然有再强的经商能力也难以得到发挥。所以他说："与其在万般无奈的情况下撤退，倒不如主动进行战略转移，把损失降到最低限度，以图在其他方面谋发展。"他也确实做到了。

胡雪岩在调停的时候，投入了大量的金钱与精力，很多人认为他是在为他人作嫁衣，但是胡雪岩清楚，这件事情并非与他无关。时局不安定，对于小商小贩来说是小损失，对于做大生意的他来说是大损失。因此，他在这一过程中虽然投入不少，但是他原本所追求的就不是这些小钱，而是想用小钱来换取以后事业的长足发展，这正是他作为成功商人的高明之处。

在激烈的商海竞争中，一味锱铢必较，虽然能暂时获得一些小利，但从长远来看，却未必是好事。只有学会适度让利，以一时的小钱来换取更大的发展空间，才能赢得长久的利益。

减少内耗式的忙碌

内耗是造成很多生意人忙碌不堪、身心疲惫的重要原因，只有抱着双赢的心态，才能让自己避免卷入这种窝里斗式的低效忙碌。

一只狮子和一只野狼同时发现了一只小鹿,于是商量共同去追捕那只小鹿。它们配合得很默契,当野狼把小鹿扑倒后,狮子便上前一口把小鹿咬死了。但这时狮子起了贪念,不想和野狼共同分享这只小鹿,想把野狼也咬死。野狼拼命抵抗,后来,狼虽然被狮子咬死,但狮子自己也受了重伤,无法享受美味了。

这种内耗的结果使大家白忙活了一场,谁都没得到好处还两败俱伤。内耗是造成很多生意人忙碌不堪、身心疲惫的重要原因,只有抱着双赢的心态,才能让自己避免卷入这种窝里斗式的低效忙碌。

杨瑞毕业后的第一份工作是在一家日用品公司做市场业务员。录取他的第一天,老板就告诉他:个人薪酬是与业绩直接挂钩的,因此要像狼一样凶残与贪婪,要利用一切手段把同类公司乃至同事都打败出局,才能成为顶尖的销售高手。

工作后,杨瑞每天都要到所辖区域的超市、百货店去查询本公司代理的日用品上柜情况,最关键还是要不遗余力地进行推销,让商家征订本公司的货品。为了取得更多的业绩,同事们对外不惜丑化其他公司同行,说他们产品质量差、不讲信用、售后服务糟糕等;对内也是烽烟四起,同室操戈,把公司弄得像战场。既要对外作战,又要对内作战,还要时刻防备有人往自己背后戳上一刀,每个人都忙碌不堪,却始终无法停止这种无休止的纷争。

直到有一次公司遇到了一个难得的大客户,为了确保万无一失,老板派杨瑞和另外一个同事莫渊一起去谈判。为了得到这个大单,他们开始很不情愿地合作,并一致申明得到的业绩一人一半。于是他们开始行动起来,杨瑞负责材料收集,莫渊进行市场调查,并在策略方面进行了仔细探讨。

在谈判过程中,杨瑞充分展示了自己的谈判天赋,但是对方依然一个劲儿地压价。因为要货量大,杨瑞也不想失去这么大的一笔生意,差不多要妥协的时候,莫渊从在这家公司就职的亲戚那里得到了一个重要情报:客户是一家实力雄厚的大企业下属的分公司,要这么多货是为了紧急供给总公司。

于是,他们采取了拖延战术,一直到对方等不及了,只好答应原先的报价。

签了这个大单之后，杨瑞和莫渊从此成了最好的搭档，以合作共赢的方式稳居公司销售榜榜首。

诺贝尔经济学奖获得者莱因哈特·赛尔顿教授有一个著名的"鹰鸽博弈"理论：假设有一场比赛，参与者可以选择与对手合作，也可以选择竞争。选择合作策略的结果是，可以避免与对手之间浪费时间和精力的消耗斗争，可以像鸽子一样瓜分战利品；但如果选择的是竞争策略，那么双方必定会因为争夺战利品而像老鹰那样斗个你死我活，并且即使是获得胜利，也会被啄掉不少羽毛。

有好多人都担心抱着双赢的态度会让自己吃亏，但实际上正如你对镜子笑镜子才会对你笑一样，双赢的合作态度是可以相互感染的。

唐·琼斯在高二的时候曾是学校篮球队的女篮队员，球打得相当不错，身高也足以成为大学篮球队的首发队员了。她有一个好朋友玛琳，也被选入大学篮球队，当首发队员。

琼斯比较擅长中远距离投球，常在10英尺外投篮，一场球打下来琼斯能投四五个这样的球，这得到了大家的一致赞赏。但是，队友玛琳非常不喜欢琼斯在球场上成为观众注意的中心，无论有多好的投篮机会，玛琳都不再将球传给琼斯了。

一天晚上，在一场激烈的比赛之后，由于玛琳在比赛中一直不传给琼斯球，琼斯像以往一样都快气疯了。琼斯的爸爸告诉她，最好的办法就是琼斯一得到球就传给玛琳。琼斯认为这是最愚蠢的一个建议。

很快就要打下一场比赛了，琼斯决心让玛琳在比赛中出丑。她做了周密的策划，并开始着手实施让玛琳丢脸的行动。但是当琼斯第一次拿到球时，她听到爸爸在观众席上不停大叫："把球传给玛琳！"琼斯犹豫了一下，还是把球传给了玛琳。玛琳愣了一下，然后转身投篮，手起球落，2分。琼斯在回防时突然产生了一种从未有过的感觉：为另一个人的成功而由衷地感到高兴。更重要的是，她们的比分领先了。赢球的感觉真好！后来，琼斯继续同玛琳合作，一有机会就将球传给她，除非适于别人投篮或由琼斯直接投篮更好。

她们赢得了这场比赛。在以后的比赛中，玛琳开始向琼斯传球，而且也一样一有机会就传给琼斯。她们的配合变得越来越默契，两人之间的友谊也越来越深。那一年，她们赢了大多数的比赛，并且两人也同时成了家乡小镇中的传奇人物。当地报纸甚至还专门写了一篇有关她们两人默契配合的报道。

双赢才能赢得更多，只有抱着双赢的态度和方式，才能在激烈忙碌的商场中找到那个愿意和你风雨同舟的人，才能减少那些所谓的尔虞我诈的内耗，才能丢掉不必要的包袱轻装上阵，安心打好每一场商海战争。

第十三章
放下过去，拥抱新生

只有向前走的人才能遇到未来

与其在痛苦中挣扎浪费时间，还不如重新找到一个目标，再一次奋发努力。

在生活中，有太多的人喜欢抓住自己过去的错误不放：没能抓住发展的机遇，就一直怨恨自己不具慧眼；因为粗心而算错了数据，就一直抱怨自己没长脑子；做错事情伤害了别人，会为没有及时地道歉而自责很久……

卓根·朱达是哥本哈根大学的学生。有一年暑假，他去当导游，他总是高高兴兴地做许多额外的服务，因此几个芝加哥来的游客就邀请他去美国观光。旅行路线包括在前往芝加哥的途中，到华盛顿特区进行一天的游览。

卓根抵达华盛顿以后就住进威乐饭店，他在那里的账单已经预付过了。他这时真是乐不可支，外套口袋里放着飞往芝加哥的机票,裤袋里则装着护照和钱。后来,这个青年突然遇到晴天霹雳。

当他准备就寝时,才发现由于自己粗心大意,放在口袋里的皮夹不翼而飞。他立刻跑到柜台那里询问。

"我们会尽量想办法。"经理说。

第二天早上,仍然找不到,卓根的零用钱连两元钱都不到。因为一时的粗心马虎,让自己孤零零一个人待在异国他乡,这该怎么办呢?他越想越生气,越想越懊恼,于是就想到了很多办法来惩罚自己。

这样折腾了一夜之后,他突然对自己说:"不行,我不能再这样一直沉浸在悔恨当中了。我要好好看看华盛顿。说不定我以后没有机会再来,但是现在仍有宝贵的一天待在这个国家里。好在今天晚上还有机票到芝加哥去,一定会有时间解决护照和钱的问题。我跟以前的我还是同一个人,那时我很快乐,现在也应该快乐呀。我不能因为自己犯了一点错误就在这里白白浪费时间,现在正是享受的好时候。"

于是他立刻动身,徒步参观了白宫和国会山,并且参观了几座大博物馆,还爬到华盛顿纪念馆的顶端。他去不成原先想去的阿灵顿和许多别的地方,但他现在看到的,他都看得十分仔细。

等他回到丹麦以后,这趟美国之旅最使他怀念的却是在华盛顿漫步的那一天——如果他当时一直抓住过去的错误不放,那么这宝贵的一天也会白白溜走。

抓住自己过去的错误不放，是最不明智之举，因为在我们一直谴责自己的时候，将会有很多的时间从我们的身边溜走。

放下过去的错误，向前看，才能有更多的收获。我们一生当中会犯很多错误，如果每一次都抓住错误不放，那么我们的人生恐怕只能在懊悔中度过。很多事情既然已经没有办法挽回，就没有必要再去惋惜、悔恨了。与其在痛苦中挣扎浪费时间，还不如重新找到一个目标，再一次奋发努力。

古希腊诗人荷马说："过去的事已经过去，过去的事无法挽回。"既然如此，我们为什么不好好把握现在，珍惜此时此刻拥有的呢？为什么要把大好的时光浪费在对过去的错误的悔恨之中呢？

过去所犯的错误就让它永远地过去吧，现在懊悔也于事无补，倒不如抖落一身的尘埃，继续上路，相信人生将有更美的风景在前方等待着我们。

幸福不曾走远，就在当下

逝去的如昙花一现，转瞬成灰，只刻在记忆中；未来如雾里看花，虚虚实实无法把握；聪明的人只会认真把握转瞬即逝的现在。

很多时候，我们无法超越自己，无法从痛苦忧伤的情绪中摆脱出来,就是因为容易走回头路。过去的不能遗忘,现在的不能牢记,往事压心头,百折千回,就好像刚刚学会走路的小孩,两条腿总习惯于往后倒转,结果很长时间都不能向前迈进一步,只能由大人牵着向前蹒跚而行。

对于过去发生的事情,我们无力改变。至于未来,它还没有发生,一切不过是我们的想象。只有此刻,才是最真实的,也只有抓住此刻,才是最幸福的,才是最懂得疼爱自己的。

曾任英国首相的劳合·乔治有一个习惯——随手关上身后的门。有一天,乔治和朋友在院子里散步,他们每经过一扇门,乔治总是随手把门关上。"你为什么每次都要关上这些门呢?"朋友很是纳闷儿。

"这对我来说是很必要的。"乔治微笑着说,"我这一生都在关我身后的门。你知道,这是必须做的事。关上身后的门,也就意味着将过去的一切都关在了门外,不管是美好的成就,还是不太美妙的回忆,然后,你又可以重新开始。"朋友听后,对乔治的智慧很是佩服。

"我这一生都在关我身后的门。"多么经典的一句话!漫步人生,我们难免会经历一些风吹雨打,心中多少会留下一些心痛的回忆。我们需要总结昨天的失误,但我们不能对过去的失误和不愉快耿耿于怀,伤感也罢,悔恨也罢,都不能改变过去,也不能使你更聪明、更完美。如果总是背着沉重的怀旧包袱,为逝去的流年感伤不已,那只会白白耗费眼前的大好时光,也就等于放弃了现在和未来。所以，抛开过去，在今天全部归零，我们才能整装待发，快乐出行。

我们的生活中常有这种事情：来到跟前的往往轻易放过，远在天边的却又苦苦追求；占有它时感到平淡无味，失去它时方觉可贵。可悲的是，这种事情经常发生，我们依然觊觎那些"得不到"的，陷在这种"得不到的总是最好的"陷阱中，遗失了我们身边的宝贝。

从前，有一个人，他生前善良且热心助人，所以在他死后，升上天堂，做了天使。他当了天使后，仍时常到凡间帮助人，希望感受到幸福的味道。

一日，他遇见一个农夫，农夫的样子非常苦恼，他向天使诉说："我家的水牛病死了，没它帮忙犁田，那我怎能下田作业呢？"于是天使赐他一头健壮的水牛，农夫很高兴，天使在他身上感受到幸福的味道。

又一日，他遇见一个男人，男人非常沮丧，他向天使诉说："我的钱被骗光了，没盘缠回乡。"

于是天使给他银两作路费，男人很高兴，天使在他身上感受到幸福的味道。

又一日，他遇见一个诗人，诗人年轻、英俊、有才华且富有，妻子貌美而温柔，但他过得不快乐。

天使问他："你不快乐吗？我能帮你吗？"

诗人对天使说："我什么都有，只欠一样东西，你能够给我吗?"

天使回答说:"可以。你要什么我都可以给你。"

诗人直直地望着天使:"我要的是幸福。"

这下把天使难倒了,天使想了想,说:"我明白了。"

然后他把诗人所拥有的都拿走了。

天使拿走诗人的才华,毁去他的容貌,夺去他的财产和他妻子的生命。

天使做完这些事后,便离去了。

一个月后,天使再回到诗人的身边,诗人那时已饿得半死,衣衫褴褛地躺在地上挣扎。

于是,天使把他的一切还给了他。

然后,又离去了。

半个月后,天使再去看诗人。

这次,诗人搂着妻子,不住向天使道谢。

因为,他得到幸福了。

每个人其实都可以享受生活的幸福,因为幸福从来不曾走远,就在当下。有的人会把现时的平安和喜乐看作上帝的一种恩赐,怀着感恩的心情去享用,还有的人则会把手中的喜乐随意丢弃,就如同故事中的主人公一样,即使已经拥有了很多幸福的事物,他却一点也看不见,还在为那些没有得到的东西而不停地抱怨。很多人只懂得为错过的太阳流泪,却眼睁睁地看着群星从眼前消失,最后,一切都成云烟,一切都成虚无。

逝去的如昙花一现，转瞬成灰，只刻在记忆中；未来如雾里看花，虚虚实实无法把握；聪明的人只会认真把握转瞬即逝的现在。珍惜你拥有的一切，享受现时的平安和喜乐，幸福就在当下。

抓住今天，才能成就明天

把今天当作你生命中唯一的一天去对待，你将会拥有阳光、雨露、鲜花等，以及一切你未曾领略过的美好。

在别人的谈论中，我们经常会听到他们在炫耀自己的过去，总是拿过去的成绩说事，那是因为现在他们没有光荣的事迹可说。真正有作为的人，不会有兴趣谈论过去，而是对将来所要做的事情兴趣浓厚，努力经营。就如一个好的足球运动员，他不会总沉醉于过去某一场进了几个球之中，而是想如何在下一场的比赛中进更多的球；真正的好演员，也不会被过去自己曾获得的奖项冲昏头，而不再追求演技的提高。

千万不要活在过去的荣耀或懊悔之中，这两种活法，都不利于你的人生。只有抓住今天，你才可能做事。要抓住今天，你应该心存这样的信念：就在今天，我要开始做事。就在今天，我要拟订目标和计划。就在今天，我要考虑只活今天。就在今天，我要锻炼好身体。就在今天，我要健全心理。就在今天，我要让心休息。就在今天，我要克服恐惧忧虑。就在今天，我要让人喜欢。就在今天，我要让她幸福。就在今天，我要走向卓越。

只有那些懂得如何利用今天的人，才会在今天创造成功事业的奠基石，孕育明天的希望。

在古老的原始森林，阳光明媚，鸟儿欢快地歌唱，辛勤地劳动，其中有一只寒号鸟，因为有着一身漂亮的羽毛和嘹亮的歌喉，更是到处游荡卖弄自己的羽毛和嗓子。看到别人辛勤地劳动，反而嘲笑不已。好心的鸟儿提醒它说："寒号鸟，快垒个窝吧！不然冬天来了怎么过啊？"寒号鸟轻蔑地说："冬天还早呢？着什么急啊！趁着今天大好时光，快快乐乐地玩耍吧！"

就这样，日复一日，冬天眨眼就到来了。鸟儿们晚上都在自己暖和的窝里安详地休息，而寒号鸟却在夜间的寒风里冻得瑟瑟发抖，用美丽的歌喉悔恨过去，哀叫未来："抖落落，抖落落，寒风冻死我，明天就垒窝。"

第二天，太阳出来了，万物苏醒了。沐浴在阳光中，寒号鸟好不得意，完全忘记了昨天晚上的痛苦，又快乐地歌唱起来。

有鸟儿劝它："快垒窝吧！不然晚上又要发抖了。"

寒号鸟嘲笑地说："不会享受的家伙。"

晚上又来临了，寒号鸟又重复着昨天晚上一样的哀号。就这样重复了几个晚上，大雪突然降临，鸟儿们奇怪寒号鸟怎么不发出叫声了呢？太阳一出来，大家寻找寒号鸟，发现它早已被冻死了。

《寒号鸟》虽是一则寓言,但它讲明了这样一个道理:在人的一生中,今天是多么的重要,是你最有权利发挥或挥霍的,寄希望于明天的人,是一事无成的人,到了明天,后天也就成了明天。今天你把事情推到明天,明天你就会把事情推到后天,一而再,再而三,事情永远没个完。

所以,做事一定要抓住今天,不要给拖延以任何借口,放下过去,把今天当作你生命中唯一的一天去对待,你将会拥有阳光、雨露、鲜花等一切你未曾领略过的美好。珍惜今天,不做冷风中的寒号鸟,让生命在拖延中凋零,也不要把期望当作习惯,因为人生的所有美好都只在今天绽放。

乐活当下，过好每一天

对昨天的事追悔烦恼，他将成为一棵枯草。

有副对联这样说道："从前种种譬如昨日死，今日种种譬如今日生。"意思是说昨日的事不必再牵挂，只注重我们今日的事就好，用一句时尚的话来说，就是"活在当下"。

活在当下的真正含义来自禅，禅师知道什么是活在当下。有人问一个禅师，什么是活在当下？禅师回答，吃饭就是吃饭，睡觉就是睡觉，这就叫活在当下。是的，最重要的事情就是现在我们做的事情，最重要的人就是现在和我们一起做事情的人，最重要的时间就是现在。

夏日的午后，灵佑禅师午睡刚醒。

弟子慧寂入室问讯，灵佑禅师见是慧寂，便将头朝墙转了过去。

"您为何如此呢？"慧寂谦恭地问老师。

灵佑禅师坐起来，说道："我刚才得一梦，你试着为我圆圆看。"

慧寂没有言语，只是端了一盆水给师父洗脸。

过了一会儿，灵佑禅师的另一弟子智闲也前来问讯。灵佑禅师对他说道："我刚才小睡中得了一梦，慧寂已为我圆了，你也替我圆圆看。"

智闲答道："我在下面早就知道了。"

灵佑禅师笑了笑，"哦？那么是什么呢？你给说说看吧。"

智闲同样没有言语，只是沏了一杯茶，端到灵佑禅师面前。

灵佑禅师对自己的这两位徒弟很是称赞："你们二人的见解比舍利佛还要伶俐！"

梦境已逝何须圆，更何况梦中经历的事情再精彩也只是一个梦境，与现实又有何干？我们要做的，只是睡醒后洗脸，洗完脸后喝茶，做好眼下该做的事情，何必为梦境那种空无的事情担忧呢？

当我们悔恨时，我们会沉湎于过去，为自己的某种言行而沮丧或不快，在回忆往事中消磨掉自己现在的时光。当我们产生忧虑时，我们会利用宝贵的时光，无休止地考虑将来的事情。对我们每一个人来讲，无论是沉湎过去，还是忧虑未来，其结果都是相同的：徒劳无益。

有一天，佛陀刚刚用完午餐，一位商人走来请求佛陀为他除惑解疑，指点方向。佛陀将他带入一间静室中，十分耐心地听商人诉说自己的苦恼和疑惑。

商人诉说了很久，主要是对往事的追悔，搅扰得他终日不安。最后，佛陀示意他停下来，问他："你可吃过午餐？"

商人点头说："已吃过。"

佛陀又问："炊具和餐具可都收拾得干净完好了？"

商人忙说："是啊，都已收拾得很完好了。"

接着商人急切地问佛陀:"您怎么只问我不相关的事呢?请您给我的问题一个正确答案吧!"

但是,佛陀却只对他微微一笑,说:"你的问题你自己已经回答过了。"接着就让他离开静室。

过了几天,那位商人终于领悟了佛陀的道理,来向佛陀致谢。佛陀这才对他及众弟子说:"谁若对昨天的事念念不忘,追悔烦恼,他将成为一棵枯草!"

"对昨天的事追悔烦恼,他将成为一棵枯草!"佛陀告诉我们,人只能生活在今天,也就是现在的时间中,谁都不可能退回"昨天"。"昨天"是存在过的,不可挽回。所以,最重要的是做好今天的事情,认真过好今天。

既然如此,对于过去的事,我们都应该勿思量。有时候,幸福就在我们的手中,但是拥有幸福的我们不知道,也不懂得珍惜。人世间的痛苦莫过于去追求自己手中已有的事物,而我们却因为"得不到"而常常忧虑。珍惜当下所拥有的吧,不要等到失去了才惊觉原来幸福曾经来过。

人活在当下,应该放下过去的烦恼,舍弃未来的忧思,顺其自然。

该做什么就做什么,饿了吃饭,渴了饮茶,不为昨天的事犯愁和追悔。做好力所能及的事情,避免历史重演,勿犯错误便够了,否则下一刻还要为上一刻的过失烦恼,这样人生就会没有穷尽地处在为过去烦恼的痛苦之中了。

在当下的一刹那收获成功

人生的重点不在于事先是否知道结果,而在于当下做了什么,人生的方向总在一刹那就会发生改变。

昭文、师旷、惠子是历史上成就卓著的三位音乐大师,音乐上的造诣炉火纯青,已达"知几"的至高境界。如《庄子·内篇·齐物论第二》中谈到的:"三子之知几乎,皆其盛者也,故载之末年。"

南怀瑾先生对于"几"的解释是,当情感喷涌之时,如同天地风云变幻;当风云雷雨过后,宇宙万象一片清明,万物沉寂如同天地空灵。以小而言,"知几"如同音乐或艺术境界中的灵感;广而言之,"三子之知几乎,皆其盛者也,故载之末年",是说这三位大师都是在其精神、身体、技能、艺术造诣达到最高境界的时候,牢牢把握住了成功,才得以学有所成,万古流芳。南先生风趣地说了一句题外话,如果这三位上古的音乐家等到年迈体弱、精神衰老之时才操琴习技,那么纵然有高度的理想,也无法表达了。

有一天,一位先生宴请美国名作家赛珍珠女士,林语堂先生也在被请之列,于是林先生请求宴会主人把他的席次排在赛珍珠之旁。

席间,赛珍珠了解到座上多中国作家,就说:"各位何不以新作供美国出版界印行?本人愿为介绍。"座上人当时都以为这是一种普通敷衍说辞而已，未予注意；独林语堂当场一口答应，归而以两日之力，搜集其发表于中国之英文小品成一巨册，而送之赛珍珠，请为斧正。赛因此对林语堂印象至佳，其后乃以全力助其成功。

据说，当日座上客中尚有吴经熊、温源宁、全增嘏等先生，以英文造诣言，均不下于林语堂，故在事后，如他们亦若林氏之认真，而亦能即日以作品送诸赛氏，则今日成功者未必为林氏也。

一个人能否成功，固然要靠天才，要靠努力，但善于创造时机，及时把握时机，不因循、不观望、不退缩、不犹豫，想到就做，有尝试的勇气，有实践的决心，所有的因素加起来才可以造就一个人的成功。所以，尽管说有的人成功在于一个很偶然的机会，但认真想来，这偶然机会能被发现，被抓住，而且能被充分利用，却又绝不是偶然的。

机会是纷纭世事之中的许多复杂因子，在运行之间偶然凑成的一个有利于成功的空隙。这个空隙稍纵即逝，所以，要把握时机确实需要眼明手快地去"捕捉"，而不能坐在那里等待或因循拖延。徘徊观望是成功的大敌。许多人都因为对已经来到面前的机会没有信心，而在犹豫之间和它轻轻错过了。

生命就是一个DIY计划，我们现在正在为自己的未来做什么？成功总是属于懂得积极寻找成功的人，每个人都有属于自己的传奇，它可能是事业上的成就，可能是圆满的家庭生活，可能是真挚的友谊，可能是一颗快乐满足的心。只有珍惜眼前这一刻，成功才有无限的可能。

许多人在谋划自己的人生时，往往因好高骛远而忽视了自己所拥有的，在时机到来之时，牢牢把握住成功，珍惜并机智运用自己所拥有的，你便找到了人生的"金壶"。

做人与修道一样，要晓得"知几"，把握自己生命的重点，当自己鼎盛、登峰造极的时候，成功就在一刹那，一旦错过，悔之晚矣。

在看下面这个故事时，跳出原有的解读角度，你会得到一些更深刻的启示。

一个年纪大的木匠就要退休了，他告诉老板，自己想要离开这个行当，和家人享受一下轻松自在的生活。老板实在舍不得这位木匠离去，希望他能够在离开前接最后一个活儿，再盖一栋具有个人风格的房子。由于盛情难却，木匠只好勉为其难地答应了，但是他并没有跟往常一样很认真地盖房子，一心只想着早早交差了事。原本要钉4颗钉子的地方，他随便钉3颗，甚至钉弯了也将就应付；建材有瑕疵、梁柱没有完全垂直、窗户没有做成标准的正方形、地板有一点倾斜等问题，他都不甚在意，很马虎很迅速地就把这间屋子盖好了。落成时，老板来了，顺便也检视一下房子，然后把大门的钥匙交给这个木匠说："这间房子就是我要送给你的退休礼物！"木匠大吃一惊，顿时不但气自己，也觉得丢脸。

不谈敬业,谈人生,你会从中想到什么?大部分的人一定认为:"如果木匠早知道这间房子是给自己盖的,他一定会用最好的建材,用最精致的技术来把房子盖好。"

然而,真的会是如此吗?要知道,生活的重点不在于早知道结果,而在于当下做什么。很多人都知道如果自己现在不运动、不改正不良嗜好、不注重均衡饮食,3年后身体状况一定会严重透支,可是,他们还是不愿改变自己现在的饮食习惯及生活方式,还是纵容自己。所以,人生的重点不在于事先是否知道结果,而在于当下做了什么,人生的方向总在一刹那就会发生改变。

机遇被操纵于万事万物之间,身不由己。所谓创造时机,不过是在万千因子运行之间,努力加上自己的万分之一的力量,把机会的运行改造成有利于自己的一刹那而已。

第十四章
放下压力，轻装上路

重压之下，要勇敢面对

压力的杀伤力比我们周遭环境中产生的任何事物都还要强大。

压力是人的内心深处的一种情感体验。根据国际压力研究院的创办人塞利博士的说法，老化只是每个人一生中的疤痕以及紧张的总和，即压力的总和。塞利教授在他的《生活压力》一书中，对内在压力带来的巨大危险有精辟深入的研究。他说，压力的杀伤力比我们周遭环境中产生的任何事物都还要强大。

我们一同来看看压力对我们的影响：

你一定听别人说过他一早起来心情就不好，在接下来的一整天里，什么事都不对劲，情绪不好、别扭，连平常惯有的幽默感也不见了。

一早起来就心情不好的人，只要有人愿意听他发牢骚，他一定会噼里啪啦说上一大堆，诸如：

我昨晚没睡好，事实上，我几乎没睡着。

我在床上翻来覆去七八个小时，真是累死了，可是就是睡不好。

我的脖子好痛，肩膀也好酸，就是睡不着。

现在别叫我集中精神，我的注意力早就四分五裂了。

想到以上这些，我真想回到床上，把它们通通都忘掉。

但是几乎没有人能够这么幸运，回到床上就可以把一切都抛开，那些潜藏的因素总是困扰着你、妨碍着你、威胁着你。这些因素就叫作压力源，是说也说不完的。譬如说，再过半小时就要开会了；电话响了；又有推销员来按门铃了；孩子上完芭蕾舞课，得去接她回来；报告已经迟交4天了；支票被退票，等等。

了解压力，认清压力的面目，它就不再那么可怕。

我们首先要做的便是把压力控制在可以疏解的范围内，如此我们的身心才能够常常保持健康快乐。找出压力的根源，对我们而言也是非常重要的。因为只有找出压力的根源，我们才能比较容易地将它打倒。

实际上，压力是一种认知，是在个人认为某种情况超出个人能力所能应付的范围时产生的。这种定义的关键在于"认知"这两个字。我们常常认为压力是外来的，一旦碰到了不如意的事情，就认为那是压力。所以，我们会犯一种基本的错误，那就是只注意外在因素。但事实上，我们所感受到的压力通常来自我们自己，是我们对压力源的反应。因此，我们应该往内心探索。

所有的压力都对我们有害无利吗？其实不然。适度而且在能够舒解范围之内的压力，是可以让生活变得更加亮丽的。这就是为什么我们会不断地规划长途旅行，运动健身，制定人生目标，以及做各式各样计划的原因。

压力这个词不是我们这一代才发明的。早在19世纪80年代，美国医师皆尔德就已经有著作论述当代生活的压力。他形容压力足以让人"神经耗竭"。

压力研究领域的先驱塞利博士写道："了解压力绝非为了逃避压力，逃避压力就跟逃避食物、运动一样不合理。"塞利博士认为压力是"人身体对于任何加诸其上的要求所产生的反应"。以此为前提，那么任何事情，从接听电话到失去抵押品的赎回权，都可称为压力。此一无所不包的定义，让压力成了人生的同义词。这么说来，只要是活在这个世界上，就不可能完全逃避得了压力。既然如此，我们与其逃避压力，还不如勇敢地去面对压力，找出压力源，然后想办法克服它。

压力向下，动力向上

只有把向下的压力反转过来才能把它变成向上的动力。

当我们态度消极时，当我们对工作和生活感到厌烦时，我们会说："给我点儿压力吧！这样我才会有前进的动力。"

而事实上"压力就是动力"并非一条真理。适当的压力的确可以产生动力，从而使自己的潜能得以发挥；而一旦压力超出了人所能承受的范围，它不但不会产生动力，还会给人的身心带来巨大的损害。

任何人都会遇到压力。要想工作得心应手，就必须接受这些压力，把它当成现实工作中的一部分，尽力去排解它。与其逃避压力，不如正面回应它。面对压力，你有两种选择，你可以举白旗投降，承认你一点办法都没有；你也可以找出一条完全不同的新路径，试着用一种新的态度来处理压力，寻找到一个平衡点，把压力维持在一个可控的范围之内，这样你才能向成功迈进。

动力是推动自己勇往直前的力量。要想在工作中取得成功，单纯地排解压力是远远不够的，你需要挖掘动力的源泉，让动力不断地推动你前进。

缓解压力的方法各不相同，构成动力的元素却都一样，不外乎自信、乐观、不屈不挠、热忱，以及坚忍的耐力。自信使你相信自己具有达到目标的能力，乐观让你相信凡事都能找到正面解决之道，不屈不挠使你一直向着目标努力，有了热忱和耐力才能享受过程中的快乐，不至于灰心丧气，一蹶不振。这几个要素是相互促进、相辅相成的，只有共同运作，你才能获得到达目标的动力。

人的机体之所以能保持健康，是因为人体的血液细胞时刻在更新。同样，人之所以能在工作中始终保持积极状态，是因为有源源不断的动力。所以，每个人都应该时刻吸收新思想，把自己的动力激发出来，唯有这样，你的事业才能一天一天地发展壮大。

那些满足现状，失去了工作动力，对存在的问题视而不见的人，如果不转变自己的想法，他们绝对发现不了自身的不足之处，结果必定要走入失败的迷途。

美国的一位传媒大亨在一次公司会议上宣布要收购旧金山3家报纸。大家讨论时，老板故意问助理对现在的职位和薪水是否满足，那名助理回答说非常满足。老板十分失望地说："我可不愿意让我的任何一个下属满足现有的地位和收入，丢掉了工作动力，而中止他的发展前途啊！"

没有动力的人，太容易满足，这样的人一生只会机械地工作，换取仅仅够生存的薪金。只有卓越的人，才会努力挖掘自己的动力，努力进取，从一个胜利走向另一个胜利，从一次辉煌走向另一次辉煌。

但是不能把所有的压力都看成动力，只有把向下的压力反转过来才能把它变成向上的动力。学会缓解压力，寻找推动自身发展的动力，这样你才会成为生活的主人。

凡事寻常看，排压心舒畅

风雨之后总会有彩虹，因为天不会总是阴的。

生活中每个人或多或少都能感觉到压力的存在，有的人甚至会喘不过气来，这些压力来源于工作、生活、学习、交际等。精神上的过度压力常常会使人产生自卑、暴躁、悲观、失望等消极情绪，严重影响我们的正常生活和工作，甚至会导致非常恶劣的结果。

从压力的根源来讲，挫折可以带来压力；批评可以带来压力，甚至让人焦虑不安；偏见也可以给人带来无形的压力。面对压力，你必须善于化解压力、利用压力，这样才是具有积极心态的人的作为。

张仿良是一家网站的主管，她对待压力的观点是：由生活、工作所产生的心理压力是不可避免的现代病之一，解决的方法不应是回避而是正确处理。她常说："主动、正确地去处理各种问题、困难，你将得到快乐和自信；相反，被动应付的做法则使你疲惫不堪。"她的有力武器有两件：第一件是周密的工作计划，无论你选用计算机或铅笔和纸来做都无关紧要，重要的是用制订计划的方法来保持清醒的头脑，明确先做什么后做什么、哪些是最重要的、哪些是次重要的……

"那么，每天面对一份如此详尽的工作计划，你不觉得累吗？"有人这样问她。"噢，不！一点儿也不累！"伴随着轻松的笑声，她亮出了自己的第二件武器：那就是灵活性。"我的计划本身就具有相当的灵活性，我不仅计划'要做什么'，也计划'可以不做什么'。"她不无幽默地说："比如陪孩子看场足球赛，每月与丈夫外出共进一顿浪漫的晚餐，这些都没写进我的计划里，却是非做不可的，别的事则可以量力而行。但要记住，'非做不可的事情'不能太多。"

其实对于压力，每个人都有自己独特的方法，并不一定是和所有人的方法一样。但总结前人的经验，我们从种种建议方法中，可归纳出以下可供选用的方法：

1. 说出你的想法

诚实地表达你的意见，这一点很重要。虽然这有可能会惹恼别人或引起争论，但如果确信别人的某个请求是不合理的，你就得说出来。例如说，当人们请求你帮他们做事情而给你造成压力时，你通常很难说"不"。考虑一下你是否能够做或者愿意做他们要求你做的事情。如果你不能做或不想做，就要学会有效地拒绝他人的请求。

当愤怒和挫折无法宣泄时，人就会郁闷、沉默、唠叨、指责或背后诽谤，不能表达自己的意见会导致消极以至挑衅的行为，这种行为对健康有害，因为被压抑的挫折或愤怒会对人的免疫系统造成伤害。

2. 避免争执

每个人都遇到过与朋友、家人或同事在某个问题上发生冲突的情况。争执会造成压力，但冷静、克制、自信以及据理力争可以缓解这种压力。

3. 自我激励

承认你能从错误中吸取教训，下一次更正。告诉你自己："我已经做得很好，对我来说已经足够好了。""金无足赤，人无完人。""即使我不时地失败，人们仍会喜欢我。""犯错误并不意味着做人的失败。"

4. 学会过好每一天

过好每一个今天，就是一辈子过得好。

要过好每一天，我们就要学会计算自己的幸福和自己做对的事情。在计算中懂得有舍有得，这就是"舍得"。记住，是"舍"在先，"得"在后。世界上的事情总是有"舍"才有"得"，或者说是"舍"了一定会"得"，而"一点都不肯舍"或"样样都想得到"必将事与愿违最终一事无成。

5. 学会正视现实

面对一个无法改变的事实的最好办法就是接受它。不管发生什么事情，哪怕是天大的事情，也要对自己说："不要紧！"记住，积极乐观的态度是解决任何问题和战胜任何困难的第一步。要知道风雨之后总会有彩虹，因为天不会总是阴的。自然界是这样，生活也是这样。

6. 不要让错误成为惩罚自己的工具

首先，不要拿别人的错误来惩罚自己。现实生活中有许多人虽然不怕苦、累，却受不起委屈、冤枉。其实，委屈、冤枉，就是别人犯错误,你没犯错误;而受不起委屈和冤枉就是在拿别人的错误来惩罚自己。遇到这种情况,对付它的最好办法就是一笑了之,不把它当一回事。

其次,不要拿自己的错误来惩罚别人。当自己受到冤枉或不公正待遇后,也去冤枉别人或不公正地对待别人时,这样自己只会再次受到伤害。

最后,不要拿自己的错误来惩罚自己。世界上没有完美的人,我们每个人都会犯错误。所以做错了事,不要紧,犯了再大的错误也不要紧,只要认真地找出原因,认真地吸取教训,改正就好。

通过各种途径和调节方法,我们可以用平常心看待生活,排解压力,让心情得以轻松舒畅。

用"沙漏哲学"过滤压力

压力是一种常态,但不会与压力相处的人就会打破这种状态,而让自己的精神和身体陷入崩溃的边缘。

现代生活中,事业和家庭的双重责任让很多人无法承受。诅咒压力、憎恶压力、在压力中消沉,甚至在压力中崩溃,最终选择一些极端的解决方式,这样的例子不胜枚举。

压力到底是一种什么样的东西,可以有如此大的摧毁力?压力来自方方面面,工作的繁重、生活中的各种琐事、情感纠葛、人际关系紧张等都可能造成压力,让你感觉到自己保持着一种"备战状态",精神高度紧张,随时等待应对着灾祸的发生。可以说,承受压力是一个现代人的常态。但问题是,一些人似乎能够承受,而另一些人却被压力击垮。究其原因,外部压力的大小只是很小的一部分原因,更大的原因来自自我。也就是说,是我们自己让自己的心灵背负了沉重的压力。

其实完全没有心理压力的状态是不存在的。如果你的生活失去了压力,那么"空虚"就会找上门来。无所事事、对生活失去兴趣的状态比高压状态更加不利于你的心理和生理健康。其实有很多生活在高压中的人反而能够笑对压力。

我国知名的心理咨询专家曾奇峰先生说过:心理压力是魔鬼与天使的混合体。它能带给人心灵和躯体的双重伤害。而另一方面,压力又能让我们保持较好的觉醒状态,使我们的智力活动处于较高的水平,可以更好地处理生活中的各种事件。

压力是一种常态,但不会与压力相处的人就会打破这种状态,而让自己的精神和身体陷入崩溃的边缘。如何与压力相处,关键是看承受者的心态和耐力。所以,与其在压力来临时诅咒它,不如改变心态,增强承受力,更要向沙漏学习怎样把压力一点一滴地释放。

现代人大都背负着沉重的生活压力,时常担心这个,担心那个。面对这么多的压力,你该试一试"沙漏哲学",既然你所忧虑的事不是一时半刻就能改变的,你就要用另一种心情去面对。

"二战"时期,米诺肩负着沉重的任务,每天花很长的时间在收发室里,努力整理在战争中死伤和失踪者的最新记录。源源不断的情报接踵而来,收发室的人员必须分秒必争地处理,一丁点儿的小错误都可能会造成难以弥补的后果。米诺的心始终悬在半空中,小心翼翼地避免出现任何差错。

在压力和疲劳的双重打击下,米诺患了结肠痉挛症。身体上的病痛使他更加忧心忡忡,他担心自己从此一蹶不振,又担心自己是否能撑到战争结束,活着回去见他的家人。在身体和心理的双重煎熬下,米诺整个人瘦了34磅。他想自己就要垮了,几乎已经不奢望会有痊愈的一天。身心交相煎熬,米诺终于不支倒地,住进医院。

军医了解他的状况

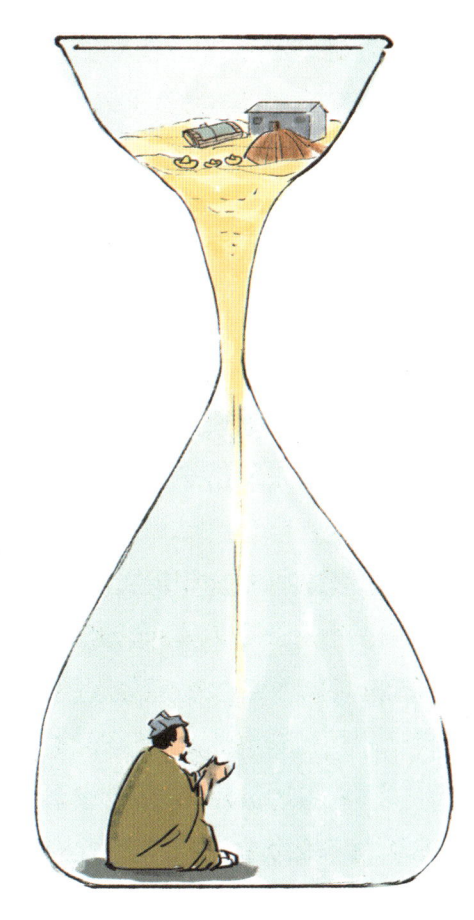

后，语重心长地对他说："米诺，你身体上的疾病没什么大不了，真正的问题出在你的心里。我希望你把自己的生命想象成一个沙漏，在沙漏的上半部，有成千上万的沙子，它们在流过中间那条细缝时，都是平均而且缓慢的，除了弄坏它，你跟我都没办法让很多沙粒同时通过那条窄缝。人也是一样，每一个人都像是一个沙漏，每天都有一大堆的工作等着我们去做，但是我们必须一件一件慢慢来，否则我们的精神绝对承受不了。"

医生的忠告给了米诺很大的启发，从那天起，他就一直奉行着这种"沙漏哲学"，即使问题如成千上万的沙子般涌到他面前，米诺也能沉着应对，不再杞人忧天。他反复告诫自己："一次只流过一粒沙子，一次只做一件工作。"没过多久，米诺的身体便恢复正常了，从此，他也学会了如何从容不迫地面对自己的工作了。

人没有一万只手，自然不能把所有的事情一次解决，那么又何必一次为那么多事情而烦恼呢？不能即时改变的事，你再怎么担心忧虑也只是空想而已，事情并不能马上解决；你应该试着一件一件慢慢来，全心全意只把眼前的这件事做好。

人生在世，必然要面临各种各样的压力，当你学会调整自己，让压力一点一滴地来，按部就班，它就会不断推动着你努力前进。

压力是客观存在的。你不可能减掉所有的压力，但是把压力放在沙漏里，让它一点一点地囤积，又一点一点地漏下，你的生活就能找到平衡点，心情也能归于平静，我们也才能活得轻松自在。

会休息，赢得好状态

人就像机器，无休止地运行只会死机。

泰戈尔曾说过："休息与工作的关系，正如眼睑与眼睛的关系。"很多人因为想要获得事业上的成功，总是强迫自己无休止地工作。他们拒绝休假，公文包里塞满了要办的公文。如果要让他们停下来休息片刻，他们也会认为纯粹是浪费时间。这些人都成功了吗？没有，他们中很多人不但没有成功，反而使自己身心疲惫，有的甚至疏远了亲人，造成家庭的破裂。休息和运动一样重要。如果缺乏休息，身体会积劳成疾。因此，我们把休息称为是对身体的充电。

每当电池快没电时，我们就要及时充电，如此才能确保它继续正常运转。人也一样，经过一天的持续工作之后，我们的能量需要进行补充，否则很难在第二天保持旺盛的精力。

我们要学会休息，以确保自己能有充沛的精力去工作。当你感到心力交瘁时，可能会使自己的健康状态和工作能力停滞，做出言行不合时宜的举动来。此时你的身体就像一只耗掉大部分电量的蓄电池，无法再如平时一般正常工作。那什么是正确的休息方法呢？一般人可能会认为，最有效的休息方法就是睡眠。许多人因为工作过度繁忙而长期失眠，因此对于自己的疲倦感到无能为力。但事实证明，睡眠并不是唯一的休息方式。

当一个人工作太久了，疲惫和压力就会产生，这时如果不改变一下工作的步调，很可能会造成情绪不稳定、慢性神经衰弱以及其他的毛病，这时需要调节一下。调节不一定需要休息，从脑力劳动转换去做几分钟体力劳动，从坐姿变为立姿，绕着办公室走一两圈，都可以迅速恢复精力。

另外，人类的心灵需要安静、独处与平和的时间，以利于忘记竞争的压力。因此，不妨在自己繁忙的时间表上，安排几分钟或十几分钟静坐默想的时间，以获得内心的平静，让自己摆脱竞争的忙碌和工作的压力，退一步看看自己究竟在做什么。

当然，小睡也是一种有效的休息和恢复精力的方法。小睡与正常睡眠不矛盾，它因人而异，有时打个盹儿就能起作用。通常正常的睡眠以能恢复体力即可，不可贪睡；而白天的小睡则是一种既不多占时间又能有效地恢复体力的休息方法。深呼吸是最简单、最方便的休息方法。它只需持续两分钟，你所要做的就是深吸——把空气直接送入腹部，让自己切实感到胃部随着吸入的空气而膨胀起来，最后再慢慢吐出去即可。

休息是为了获得更好的状态，掌握了有效休息的方法，你的工作效率也将大大提高。聪明的人，会挣钱，爱工作，更要会休息。人就像机器，无休止地运行只会死机。

放慢节奏，身心和谐

由于工作节奏的不断加快，人们身不由己地过着超速的日子。

身与心的和谐是一个人健康的基础，而情绪活动又是心理因素中对健康影响较大、作用较强的一部分。长期快节奏导致的疲劳看似细小轻微，但若不注意，轻则降低工作效率、生活质量，重则导致多种身心疾病。

陈先生是一家企业的营销主管，每年的销售任务都很重，同行业竞争又特别激烈。他说自己都快成"空中飞人"了，一个城市接一个城市地出差，没有节假日，有时候午饭都没时间坐下来吃，常常是边走边吃边思考。最近他经常感到胸闷不舒服，刚开始没有太在意，后来，情况愈加严重，出现气短、心跳加快、出虚汗等现象，到医院检查才知道患了冠心病。

黎先生，从事宣传工作十几年，繁重的工作总是需要他在5分钟内审阅一份文件，半小时内写一篇稿子。有时候凌晨一点了还在赶稿子，节假日也不能休息，因为还有好多事需要他去做，他觉得自己和卓别林演的电影《摩登时代》里流水线上的工人差不多。几年下来，工作业绩上去了，职位和薪水也提升了，但是血压也跟着高了，随之而来的还有糖尿病。

生活中，像陈先生、黎先生这样的人还有很多。许多人在不知不觉中损害了自己的身心健康，各种疾病缠上身来不说，整个心灵都被日益繁重的工作和快节奏的生活淹没了。在这种思想的控制下，人的精神处于越来越紧张的状态。当受压抑的感情冲突未能得到宣泄时，就会在肉体上出现疲劳症状，甚至引起心理的扭曲变态，导致心理疲劳。在此种情况下，一旦发生弹性疲乏，势必造成精神上的崩溃。

其实，压力最大的是那些在单位是中坚、在家里是支柱的人，既要投身于市场竞争，又要解决家庭琐事，他们没有雄厚的经济实力，也没有甘于平凡的平常心。他们不甘落后，白手起家，担负着家人的厚望，精神压力之大可想而知。一旦他们没有及时排解，便会导致身心负担加重，继而最终引发各种疾病。

快节奏的工作和生活只会令我们的身体变得越来越糟，因此，我们要学会放慢节奏，缓解压力，让自己的身心得以调节到最佳的状态。

释放压力，轻装前行

不在压力中爆发，就在压力中灭亡。

一位著名的心理咨询师说："压力就像一根小提琴弦，没有压力，就不会产生音乐。但是如果弦绷得太紧，就会断掉。你需要将压力控制在适当的水平，使压力的程度能够与你的心智相协调。"但随着生活节奏加快、工作压力增大、人际关系日益复杂，家庭生活也有了越来越多的变数……情绪、心理疾患日益困扰现代人，在生活和工作的重压下，很多人常常控制不住自己的情绪，结果不仅自己失态，还会给周围的人造成很不好的影响。

40岁的阿利是一位IT高级经理，在单位里他的好脾气是出了名的。但最近这两个月部门的销售情况出现了"瓶颈"，尽管上上下下每天在外面跑，可业绩榜上还是"吃白板"。一天大老板关起门，"和颜悦色"地给他上起了销售培训课，即便没有一句训斥的话，可他还是觉得脸上挂不住。而平时十分细心的助理丽丽在这时把一份报告打错了。一股无名之火立即蹿了上来，他拍着桌子，把报告扔到了丽丽头上，小姑娘眼泪滴滴答答地往下掉，他还是照样扯着嗓子不罢休！后来冷静下来，他自己也觉得有点失态，追根寻源，还是工作压力太大惹的祸。

无处不在的压力给现代人的情绪带来了恶劣的影响，你肯定也有亲身体会：是不是莫名其妙地发脾气、烦躁，看什么都不顺眼；坐公交车、地铁，看旁边两个人有说有笑你就来气；别人不小心踩了你的脚，你就像找到发泄的渠道一样，跟人大吵一架……

其实，这些坏情绪都是压力带给你的，当压力越来越大，你的情绪越来越差时，结果只有两个，那就是：不在压力中爆发，就在压力中灭亡。当然，这两个结果我们最好是选择前者，情绪不好，发泄出来就可以缓解了。

姜玲是一家大型公关公司的客户总监，几乎每天都要加班，最要命的是，常常要同时应对客户、同事、上司几方面的压力。"3个月前接一个项目，客户是一家外地民营公司，不了解这边的情况，提出很多无理的要求。这两个多月，我不断地打电话、发电子邮件，光是'空中飞人'就当了五六次，就是为了能把事情沟通好。实在是压力太大！"姜玲说。

这边的事情还未处理好，同事那边又有"掉链子"的，作为项目负责人的姜玲终于撑不下去了。

"那天我回到家，突然觉得很累，也很委屈，就趴在枕头上大哭一场，嗓子都哭哑了，最后睡着了。"

"哭能让我的心情变好。"第二天清醒过来的姜玲意识到这一点。

所以说，保持心理健康的一个重要手段就是及时排解不良情绪，把心中的不平、不满、不快、烦恼和愤恨统统及时发泄出去。请记住，哪怕是一点小小的烦恼也不要放在心里。如果不把它发泄出来，它就会越积越多，乃至引起最后的大爆发，导致一些疾病产生。

在快节奏的生活之下，我们要学会调节，学会把不良的情绪宣泄出来，让自己得以从重压之下解脱出来，轻装前行。

接纳压力，相信自己

感恩每一次压力的出现，因为它意味着我们又将有新的挑战，跨上一个新台阶。

压力是人的内心深处的一种情感体验，当我们感到有压力的时候，我们往往会有一种压迫、焦虑和要逃避的感觉。然而很多时候，我们只能选择承受。慢慢地，当我们适应了这种压力，我们才发现，人的潜能原来有这么大！

感谢压力这台挖掘潜力的发动机，总是让我们在看似无处可逃中想出办法突围，从而给自己一片广阔的天空；感谢压力这让人挑战极限的良药。压力使我们自省；压力使我们发现不足；压力使我们感受到了忙碌中的快乐、劳累中的喜悦；压力使我们的心灵得到升华，素质得到提高，能力得到加强，作用得到发挥，价值得到体现。

因为有了压力，我们才能不断用知识充实自我，才能不断去挖掘自身的能量，才能不断在挑战自我中获得成功，才能不断去享受别人无法体会到的甜蜜。收获，源于压力。

有一天某个农夫的一头驴子，不小心掉进一口枯井里，农夫绞尽脑汁想办法救驴子，但几个小时过去了，驴子还在井里痛苦地哀嚎着。最后，这位农夫决定放弃，他想这头驴子年纪大了，不值得大费周章去把它救出来，不过无论如何，这口井还是得填起来。

于是农夫便请来左邻右舍帮忙一起将井中的驴子埋了，以免除它的痛苦。农夫的邻居们人手一把铲子，开始将泥土铲进枯井中。

当这头驴子了解到自己的处境时，刚开始叫得很凄惨。但出人意料的是，一会儿之后这头驴子就安静下来了。

农夫好奇地探头往井底一看，出现在眼前的景象令他大吃一惊：当铲进井里的泥土落在驴子的背部时，驴子的反应令人称奇——它将泥土抖落在一旁，然后站到铲进的泥土堆上面！就这样，驴子将大家铲倒在它身上的泥土全数抖落在井底，然后再站上去。

很快地，这头驴子便得意地上升到井口，然后在众人惊讶的表情中跳出来了！

越多的压力会带来越多的动力，聪明的驴子正是靠着这种动力在压力下突围解救了自己。所有的压力都是如此，只要我们锲而不舍地将它们抖落掉，然后站上去，那么终有一天我们会用最坚强的意志去面对最大的压力和困境，改变当初的命运。

社会在进步，时代在发展，人员的素质在不断提高。在当今市场竞争的激烈环境中，任何单位都不需要庸才，不进则退，只有敢于面对压力，才不会被他人所取代，被社会所淘汰。

如果我们以肯定、沉着、稳重的态度面对压力，认真地思考而不是绝望地等死，那么助力往往就潜藏在其中。

其实人生就像是一个大气球，永远不会在疲沓下向上飞扬，直冲九天，而压力就是让这个气球飞翔的源泉，只有在压力下把自己由平庸变成伟大，才能在人生中立于不败之地。

面对压力，永远感恩，并且微笑着接纳，相信自己一定能做得更好。

第十五章
幸福就在不远处

懂得放下，在不经意间收获幸福

俗话说得好，有心栽花花不开，无心插柳柳成荫。对幸福的追求也是这样，并不是想得到就得到的，而你一转身，它或许就在你身边。

有一位高僧，是一座大寺庙的住持，因年事已高，心中思考着找接班人。

一日，他将两个得意弟子叫到面前，这两个弟子一个叫慧明，一个叫尘元。高僧对他们说："你们俩谁能凭自己的力量，从寺院后面的悬崖下攀爬上来，谁将是我的接班人。"

慧明和尘元一同来到悬崖下，那真是一面令人望而生畏的悬崖，崖壁极其险峻、陡峭。身体健壮的慧明信心百倍地开始攀爬，但是不一会儿，他就从上面滑了下来。慧明爬起来重新开始，尽管他这一次爬的小心翼翼，但还是没爬几步便滚落到原地。慧明稍事休息后又开始攀爬,尽管摔得鼻青脸肿,他也没有放弃……

让人遗憾的是,慧明屡爬屡摔,最后一次他拼尽全身之力攀爬,爬到一半时,因气力已尽,又无处歇息,最后重重地摔到一块大石头上,当场昏了过去。高僧不得不让几个僧人用绳索将他救了回去。

接着轮到尘元了,他一开始也和慧明一样,竭尽全力地向崖顶攀爬,结果也屡爬屡摔。尘元紧握绳索站在一块山石上面,他打算再试一次,但是当他不经意地向下看了一眼之后,突然放下了用来攀上崖顶的绳索,整了整衣衫,拍了拍身上的泥土,扭头向着山下走去。

旁观的众僧都十分不解,难道尘元就这么轻易地放弃了?大家对此议论纷纷,只有高僧默然无语地看着尘元的去向。

尘元到了山下,沿着一条小溪流顺流而上,穿过树林,越过山谷……最后没费什么力气就到达了崖顶。

当尘元重新站到高僧面前时,众人还以为高僧会痛骂他贪生怕死、胆小怯弱,甚至会将他逐出寺门。谁知高僧却微笑着宣布将尘元定为新一任住持。众僧皆面面相觑,不知所以。

尘元向其他人解释:"寺后悬崖乃是人力不能攀登上去的,但是只要于山腰处低头看,便可见一条上山之路。师父经常对我们说'明者因境而变,智者随情而行',就是教导我们要知伸缩退变啊!"

高僧满意地点了点头说:"若为名利所诱,心中则只有面前的悬崖绝壁。天不设牢,而人自在心中建牢。在名利牢笼之内,徒劳苦争，轻者苦恼伤心，重者伤身损肢，极重者粉身碎骨。"

然后，高僧将衣钵锡杖传交给了尘元，并语重心长地对大家说："攀爬悬崖，意在勘验你们的心境，能不入名利牢笼，心中无碍，顺天而行者，便是我中意之人。"

生活中我们似乎都在不断地攀爬这块通往幸福之路的绝壁，就算碰得头破血流也要往上爬。而实际上，这块绝壁根本就爬不上去，但是我们总以为只要自己坚持就可以，而如果我们能够像僧人尘元一样，或许会发现另一条可以通往崖顶的路。

有时候我们追求幸福，却发现通往幸福的路实在太难。一个人爱上一个不该爱的人，执迷不悟，认为自己是对的，常常为此伤心泪流，一个没有结果的爱就如同攀爬这根本上不去的悬崖一样，自己随时可能掉下来摔个粉碎。

有些人被金钱所惑，找伴侣始终要找有钱人，一味地以这个为标准，最终错过了不少更好的人。而在开始的时候如果回头看，看看这条路通不通，最终也不至于是这个结果。人有时候过于天真，以自我为中心，急功近利地追求幸福，却往往得不到幸福，而那些懂得放下，懂得变通的人往往会获得意想不到的幸福。

该提起时提起，该放下时放下

放下散乱的心，提起专注的心；放下专注的心，提起统一的心；放下统一的心，提起自在的心。

生活中，要做到提放自如，并非一件简单的事情。提起需要承担责任的勇气，放下也需要斩断妄念的魄力。

在唐代，有一位著名的禅僧——布袋和尚。一天，有一位僧人想看看布袋和尚有何修为，问道："什么是佛祖西来？"布袋和尚放下布袋，叉手站在那儿，一句话也没说。僧人又问："只这样，没别的了吗？"布袋和尚又将布袋上肩，拔腿便走。那僧人看对方是个疯和尚，也就起身离去了。哪知刚走几步，却觉背上有人抚摸，僧人回头一看，正是布袋和尚。布袋和尚伸手对他说："给我一枚钱吧！"

布袋和尚放下布袋，是在警示我们要放下，随即又将布袋上肩，是在教我们拿起。其实哪里有什么放下与拿起呢？只不过有时我们需要放下，有时需要拿起，而我们却常常该拿起时拿不起，该放下时放不下。放下时不执着于放下，自在；拿起时不执着于拿起，也自在。不论是拿起与放下，都不要执着，那才真自在。

大多数人，总是提不起意志和毅力，放不下成败；提不起信心和愿心，放不下贪心和嗔心。他们渴望成功的辉煌，惧怕失败的窘迫，却又不能为了成功而坚定意志，付出努力；他们热衷于享乐，渴望获得而不愿付出，一旦愿望落空，便会怨天尤人，怨恨搁在心中，挥之不去。这样的人，度己不成，又不肯接受他人的教导，难担大任，期待他们去救济众生更是妄想。

布袋和尚布袋的提起放下看上去一切自然，实际上也是有所选择的，就像是我们在修行过程中，什么应该提起，什么应该放下,都不是灵光一现就能确定的。首先,要把去恶行善的心提起,把争名逐利的心放下。"诸恶莫做,众善奉行,自净其意,是诸佛教。"名利的纠缠如毒蛇猛兽,只要贪心起,必定会招致厄运。古语云"嚼破虚名无滋味",真正的智者应该孑然一身,不受虚名牵绊,也不为富贵诱惑。

其次,要把成己成人的心提起,把成败得失的心放下。成就自己的目的是成就别人,只有充实了自己,才能有足够的能力去帮助别人。在充实提高自我的过程中,失败是难免的,要能够在成功中积累经验,在失败中吸取教训,而并不只是沉醉在成功的快乐或者失败的痛苦中不能自拔。

最后,要把众人的幸福提起,把自我的成就放下。只有这样,才能时刻把世人的幸福挂在心上,而抛却自我的观念。

释迦牟尼成佛后,走在街上,遇见了一个愤怒的婆罗门。这个婆罗门对释迦牟尼有仇视的态度,他仇视佛教已经到了疯狂的地步。他看到众生都这么尊敬释迦牟尼,心头更是难受,便生出一个毒计,想加害释迦牟尼。

他和众生一样,跟在释迦牟尼的身后,在释迦牟尼没有注意的时候,他蹑手蹑脚地靠近释迦牟尼的背后,趁世尊讲佛法时,便抓了两大把沙子,向世尊的眼睛扬去。

终究应准了那句话:善有善报,恶有恶报。就在沙子扬出去的那一瞬间,突然来了一阵风向婆罗门吹来,沙子全部都吹到婆罗门的眼中,他疼痛不已,倒在地上。

他气急败坏地在地上翻滚，整个脸都涨得通红。

众生看到这一幕，都嘲笑他。面对这么多锐利的目光，那个狠毒的婆罗门不得不向世尊跪下。

这时，释迦牟尼平静而洪亮的声音响起："如果想玷污或是陷害善良的东西，最终只会伤害了自己，众生切记！婆罗门，你也起来吧。"

婆罗门听后感慨万千，也终于大彻大悟。

觉悟之前的婆罗门，并没有清醒地认识到什么是应该提起的，什么是应该放下的，所以才会被自己的心魔所困，以致误入歧途。释迦牟尼面对提放已经自如自在，所以才能够平静地面对心怀不轨的婆罗门，并诚恳地教诲他，使婆罗门得以开悟。

放下散乱的心，提起专注的心；放下专注的心，提起统一的心；放下统一的心，提起自在的心。唯有这样，才能放松身心，提起正念，彻底放下，从头提起，幸福也就会在这一提一放间到来。

换种心态，让幸福光临

尽管人们没有感觉到自己的幸福，但幸福确实是实实在在地存在着的，有时候真实的幸福恰恰不是先求而后得，而是在困境之中与之邂逅。

什么是幸福？法国小说家方登纳在《幸福论》中所阐述的

定义是："幸福是人们希望永久不变的一种境界。"也就是说，如果我们的肉体与精神所处的一种境界，能使我们想，"我愿一切都如此永存下去"，或浮士德对"瞬间"所说的，"哟！留着吧，你，你是如此美妙"，那么我们无疑是幸福的。

幸福，有时需要我们换种心态来体味。

一个失恋者被痛苦折磨得死去活来，他恨命运不济、造物不仁，让自己变为孤独而又畸形的人，但当他见到一个失去双臂的人用脚写字、缝衣服的时候，突然觉悟到丢失一位心上人比起丢失双臂来实在微不足道，虽失掉了心灵揽系，终究也还能重新振作起精神，饱尝青春之甘美，沐浴生命之恩泽。他从振作精神中体味到了幸福。

人最难能可贵的是明白自己追求的是什么，付出的是什么，从而正确地作出自己的选择，快乐地享受自己的幸福。

从前，有一个公主总觉得自己不幸福，就向别人请教如何能够让自己变得幸福。别人告诉她找到一个感觉幸福的人，然后将他的衬衫带回来。公主听后派自己的手下四处寻找自认幸福的人。手下碰到人就问："你幸福吗？"得到的回答总是：不幸福，我没钱；不幸福，我没亲人；不幸福，我得不到爱情……就在她们不再抱任何希望时，从对面被阳光照着的山岗上，传来了悠扬的歌声，歌声中充满了快乐。她们随着歌声走了过去，只见一个人躺在山坡上，沐浴在金色的暖阳下。

"你感到幸福吗？"公主的手下问。

"是的，我感到很幸福。"那个人回答说。

"你的所有愿望都能实现，你从不为明天发愁吗？"

"是的。你看，阳光温暖极了，风儿和煦极了，我肚子又不饿，口又不渴，天是这么蓝，地是这么阔，我躺在这里，除了你们，没有人来打搅我，我有什么不幸福的呢？"

"你真是个幸福的人。请将你的衬衫送给我们的公主，公主会重赏你的。"

"衬衫是什么东西？我从来没见过。"

幸福是一种心态，一种自我感受，就像上面故事中的那个躺在山坡上的人，他连衬衫都没见过，可以说在物质上他很贫困，但他依然感到很幸福。在现实生活中，有钱人物质生活优越这是不争的事实，但是有钱人不一定会幸福。

放弃自己的追求，跟随别人的足迹，就会偏离自己人生的轨道。我们可以追求金钱，但是幸福生活的标准本身并不是由钱的多少定出的。钱本身并没有错，错的是我们追求它的态度。也许我们终生都不能够大富大贵，但这并不意味着我们在自己平凡普通的生活中找不到幸福，找不到健康的身体、充满活力的心、相亲相爱的家人和志同道合的朋友。

懂得转身，懂得放下，懂得换种心态生活，我们会发现，原来幸福就在我们的身边，不曾走远。

努力争取，改变境遇

谁是命运的最高仲裁者？不是别人，正是你自己。

很久以前，鸭子和天鹅是一对亲兄弟，它们长相相近，很难被区分开来。鸭子是哥哥，天鹅是弟弟。它们长大后，一同拜山鹰为师学习追云赶月的飞翔技艺。

才跟老师学练了3天，鸭子就有些受不了了，它嘟哝说：

"唉！要是咱生在山鹰家里多好，从小就能出类拔萃，翱翔九霄，还不用受这份洋罪，去练这飞翔的技艺。"天鹅说："真本事来自苦用功，哪有一生下来什么都会的人呢？就是山鹰的孩子，也是通过长期的勤学苦练才练就了一身过硬的翱翔技艺。不信，你问问老师。"山鹰笑着说："是啊，我们山鹰的孩子练起飞翔来一点也不比你们轻松，翅膀刮伤，脖子扭坏，那是常有的事。"

鸭子平静了没几天，心里又烦躁起来，"哼！山鹰练飞虽比我苦，可它起点比我高呀，我再苦练也跟不上人家。罢罢罢，干脆另谋出路。"天鹅苦劝无效，鸭子还是开小差溜了。

鸭子离开山鹰，接着跟金雕学艺。没过几天，它又厌烦了，"四面高山只一处山坳，环境太小，这小地方岂能练出绝世的功夫"？

于是，它再次出走。就这样，它曾到大海上向海鸥求教，曾到沙漠里向秃鹫学习，也曾到森林里以猎隼为师……辗转各地，它不是嫌环境艰苦，就是嫌老师刻板，怨天尤人，每天都有发不完的牢骚。

许多年过去了，鸭子飞翔的能力一点也没有提高，只能从一个水塘勉强飞到另一个水塘。而它的弟弟天鹅，经过一丝不苟的刻苦训练，早已成了举世闻名的飞行家，它飞越珠峰，往往连老师都望而兴叹。有好事者问鸭子对此有何感想时，鸭子说："人家命好，老师偏向父母宠，要是我有它那些条件，我肯定比它现在飞得还远还高，珠峰算什么！"据说，直到今天，鸭子还牢骚满腹地嘎嘎叫，从不低头反思一下自己到底错在哪儿。

"找借口"已经成了很多人的强项。我们总会煞有介事地为自己制定一个远大的理想,在实现理想的过程中,遇到一点困难就找借口,之后败下阵来,只得另谋出路。再次遇到困难,又是牢骚满腹,到最后一事无成。实际上成功的离弃是因为我们没有认清自己,最后输给自己的抱怨。

真正优秀的人从来不去抱怨环境给予了自己什么,也不会为了自己的失败找寻任何的借口。他们只会勇敢地面对生活,即使面临委屈的处境,也不会觉得难过。可是,在生活中,很多人却在一直为自己找寻借口。

一个女孩对父亲抱怨她的生活,抱怨事事都那么艰难。她不知该如何应付生活,想要自暴自弃了。她已厌倦抗争和奋斗,因为一个问题刚解决,新的问题就又出现了。

女孩的父亲是位厨师,他把她带进厨房。他先往3只锅里倒入一些水,然后把它们放在旺火上烧。不久锅里的水烧开了。他往第一只锅里放些胡萝卜,在第二只锅里放入鸡蛋,在最后一只锅里放入碾成粉状的咖啡豆。他除了将它们浸入开水中煮,一句话也没说。女孩咂咂嘴,不耐烦地等待着,纳闷儿父亲在做什么。

大约20分钟后,父亲把火关了,把胡萝卜捞出来放入一个碗内,把鸡蛋捞出来放入另一个碗内,然后又把咖啡舀到一个杯子里。做完这些后,他才转过身问女儿:"亲爱的,你看见什么了?""胡萝卜、鸡蛋、咖啡。"她回答。

他让她靠近些,并让她用手摸摸胡萝卜。她摸了摸,注意到它们变软了。父亲又让女儿拿一只鸡蛋并打破它。将壳剥掉后,她看到的是只煮熟的鸡蛋。最后,父亲让她啜饮咖啡。品尝到香浓的咖啡,女儿笑了。

她怯声问道:"父亲,这意味着什么?"父亲解释说,这三样东西面临同样的逆境——煮沸的开水,但其反应各不相同。胡萝卜入锅之前是强壮的、结实的,毫不示弱,但进入开水后,它变软了,变弱了。鸡蛋原来是易碎的。它薄薄的外壳保护着它呈液体的内脏,但是经开水一煮,它的内脏变硬了。

而粉状咖啡豆则很独特,进入沸水后,它们倒改变了水。

这位父亲的教导方法是高明的。一个人总会在生活中遇到不顺,精神受到折磨。这个时候,如果你一味选择抱怨,只会让生活变得更糟。因此,在抱怨之前,先认清自己吧。或许,你就能找到改变境遇的答案。

生活中总有这样或那样的困难和不顺,在面对折磨时,在你抱怨生活之前,先问问自己,你认清你自己了吗?如果只是害怕艰苦,牢骚满腹,是难以学到真本事、成就大事业的。

我们每个人绝不可能孤立地生活在这个世界上,很多的知识和信息来自别人的教育和环境的影响,但你怎样接受、理解和加工、组合,是属于你个人的事情,这一切都要你独立自主地去看待,去选择。谁是命运的最高仲裁者?不是别人,正是你自己。

生活并不亏欠我们任何东西,想要收获幸福,不是靠借口和抱怨,而是需要我们自己去努力争取。

静水流深，修炼一颗感恩心

感恩，是一种歌唱生活的方式，它来自对生活的爱与希望。

"当鞋合脚时，脚便被忘却了。"人痛苦的根源在于，人在心灵上难以满足，对生命有太多的不满和抱怨，不懂得用感激沐浴心灵，因此快乐也与他们无缘。

一位哲人说过，世界上最大的悲剧和不幸就是一个人大言不惭地说："没人给过我任何东西。"因此，对生活常怀有一颗感恩之心的人，即使遇上再大的困难，也能熬过去。

关于日本"推销之神"原一平的推销经验，最受人们推崇的是"三恩主义"，即社恩、佛恩和客恩。

作为保险巨人，并被尊称为"推销之神"，原一平并没有傲慢自大，反而谦恭为怀，时时刻刻感谢公司的栽培，认为没有公司提供的平台，就没有今日的他，因此他十分感恩公司，晚上睡觉脚不敢朝向公司的方向，这就是社恩。原一平一生的成功，除了自己的刻苦奋斗之外，串田董事长的知遇和栽培也功不可没。不过，他内心里最感谢的是启蒙恩师吉田胜逞法师、伊藤道海法师，没有他们的一语道破及指点迷津，或许原一平还只是一名推销的小卒呢！这就是佛恩。对参加保险的客户以及周围合作的同事心怀感激，这就是客恩。据原一平自称：他的所得除10%留为己用外，其余皆回馈给公司及客户。由于对公司有着感恩之情，所以处处为公司的利益着想，为客户提供无微不至的服务，从而也锻炼了自己的能力，得到上司和客户的回赠，登上了事业的高峰。

英国作家萨克雷说："生活就是一面镜子，你笑，它也笑；你哭，它也哭。"感恩并不纯粹是一种心理安慰，也不是对现实的逃避，更不是阿Q的"精神胜利法"。感恩，是一种歌唱生活的方式，它来自对生活的爱与希望。

会感恩的人，他在为人处世时是主动积极、乐观进取、敬业乐群的，未来前途是不可限量的。感恩也不是简单的报恩，它是一种责任、自立、自尊和追求一种阳光人生的精神境界。

感恩，可以使我们浮躁的心态得以平静下来，也使我们能够从全新的角度来看待身边的事物。

中国电力国际发展公司首席执行官李小琳在中国电力市场被称为"一姐"，统领市值近百亿的中国电力，也是香港H股、红筹股上市公司中唯一女性CEO。

感恩，是李小琳平时用得最多的字眼。对此她有着自己的说法："常怀感恩之情，我们就会时刻有报恩之心，报祖国之恩、组织之恩、父母之恩、老师之恩、同志之恩、朋友之恩。"常怀感恩之心，就会将给予视为最大的快乐，就会内生一种定力，在纷繁复杂的社会生活中保持那种难得的"律己"。

她早已养成静坐禅修的习惯，在没有打扰的情况下，可以静坐上一小时，甚至更长时间。"吾当一日而三省"，静思时，一天的所思所想、所作所为，无不撞击心头，令她警醒觉悟。

李小琳说:"我能有今天的成果,要感谢很多人给予的恩惠。"一个懂得感恩的女人,无须言他,本身就是一种成功和美丽。

感恩是一种处世哲学,是生活中的大智慧。人生在世,不可能一帆风顺,失败、无奈都需要我们勇敢地面对、旷达地处理。当挫折、失败来临时,是一味地埋怨生活,从此变得消沉、萎靡不振,还是对生活满怀感恩,跌倒了再爬起来?有待我们选择。

生活有时候就是这样的,你一直悲观失落,就看不到阳光照射的角落,但是如果你一直微笑着面对生活,那么你就不用等待别人给你施舍阳光,因为你自己就成为了太阳。选择怎样的生活,全在于自己的内心。

感恩之情是滋润生命的营养素,它使我们的生活充满芳香和阳光。一个不懂得感恩的人,即使家财万贯,他仍是个贫穷的人;懂得感恩的人,才是天下最富有的人。

与人交往中,拥有一颗感恩的心,我们才能收获他人的善意、诚意,我们的人际交往之树才能长青。

利用好生命中的每分每秒

树枯了,有再青的机会;花谢了,有再开的时候;燕子去了,有再回来的时刻。然而,人的时间一旦逝去,就如覆水难收,难以挽回。

当死亡的阴影笼罩我们时，我们才会突然觉得人生苦短。那些未尽的责任怎么办？那些未了的心愿怎么办？那些未实现的诺言怎么办？面对死亡通知书，人们只能踏上那条不归路。追悔也罢，遗憾也罢，结局无人能改，一切悔之晚矣。

人的一生其实也只有3天：昨天、今天、明天。昨天已逝，明天未至，而我们要面对的只有今天。李大钊说："我认为世间最宝贵的是'今'，最易失去的也是'今'。"很多人憧憬明天的美好，也有人常常徘徊于昨天的记忆里，但是他们都忽略了今天。也许明天很美好，明天的太阳比今天灿烂辉煌。可是，"明日复明日，明日何其多"，一个人如果不懂得珍惜今天的时光，又怎么能谈得上珍惜明天的光阴呢？

"今天"与"生命"聊天，"生命"问了一句："过得怎么样？"

"今天"答道："到现在为止，是我最好的一天！"

"生命"仿佛为"今天"的答案感到吃惊。

"你最好的一天？""生命"用一种惊诧的口气重新问道。

"是的。"他迅速而且又充满信心地回答。

"生命"又问了一遍："你确定吗？"

"是的。"他再一次确认。

他能感觉到"生命"并不相信他讲的是真话。当然，他知道"生命"相不相信并不重要，重要的是他自己相信。

"生命"问他："你怎么能说到现在为止，是你最好的一天呢？你结婚那天呢？难道不比今天更好吗？"

他答道:"我一直而且将永远记得我结婚那天,我的妻子是多么快乐;我也记得第一个孩子出生的情景;我还记得在甜品店喝奶昔,意识到自己还能做事;我也记得我和儿子一起爬上奥林匹亚山,欣赏这美丽的风光;我还记得在学年手册上读到学校里最传统的女孩儿写的评语,说我是高年级最好的男孩子;我还记得有个女孩儿对我说她尊重我,而我告诉自己,我也尊重自己;我记得那天船长公正地对待我;我记得海军军官说我不能参军,而母亲仁慈地告诉我说还有希望;我也记得其他两万多个美好的日子,过去每一天都成就了现在的生活。那些天里,一定有许

多天可以排在我好日子列表的前面，但没有一天是最好的一天，它们中的任何一天对于现在都只能排第二。"

我们常会产生这样一种错觉：日子长着呢。于是，我们懒惰，我们懈怠，我们怯懦……无论做错什么，我们原谅自己，因为来日方长，不管什么事放到明天再做也不迟。但终有一日，死亡的阴影会笼罩我们，面对那一纸死亡通知书，那时我们能想到的是快乐的还是追悔的，解脱的还是遗憾的？

生命是每个人向老天借来的一段日子，在有限的生命中珍惜光阴，做好自己该做的事情，才能在最终收获幸福的微笑。

勘破无常，看淡生死

需要飞越的不是生死，而是人心中划分的不可逾越的生死鸿沟。

面对生命，圣贤之辈既没有认为活很痛快，也没有认为死很痛苦，生死已不存在于心中。"生者寄也，死者归也。"活着是寄宿，死了是回家。如果我们明白了生死交替的道理，就懂得了生死。生命如同荷花，开放收拢，不过如此。

人活在这个世界上是顺着生命的自然之势来的；年龄大了，到了要死的时候，也是顺着自然之势去的。道家有种观点"物壮则老"，意思是指一个东西壮到极点，自然要衰老；"老则不道"，老了，生命要结束，另一个新的生命就要开始。所以，真正的生命不在现象上，我们要看透生死，"安时而处顺，哀乐不能入也"，这才是最高的修养。

然则，无论生者或死者，都很难做到看破生死，所以才脱离不了苦海。

一个婴儿刚出生就夭折，一个老人寿终正寝，一个中年人暴亡。他们的灵魂在去天国的途中相遇，彼此诉说起了自己的不幸。婴儿对老人说："上帝太不公平，你活了这么久，而我却等于没活过。我失去了整整一辈子。"老人回答："你几乎不算得到了生命，所以也就谈不上失去。谁受生命的赐予最多，死时失去的也最多。长寿非福也。"中年人叫了起来："有谁比我惨！你们一个无所谓活不活，一个已经活够数，我却死在正当年，把生命曾经赐予的和将要赐予的都失去了。"

他们正谈论着，不觉到达天国门前，一个声音在头顶响起："众生啊，那已经逝去的和未曾到来的都不属于你们。你们有什么可失去的呢？"3个灵魂齐声喊道："难道我们中间没有一个最不幸的人吗？"上帝答道："最不幸的人不止一个，你们全是，因为你们全都自以为所失最多。谁受这个念头折磨，谁就是最不幸的人。"

死，是人生的一件大事。生老病死，人之常情，但死并非生命的结束，只是另一场轮回的开始，故说"生死一如"，要我们看淡生死，进而勘破无常。

生死的问题看空了，随时随地便能心安理得、顺其自然，自己就不会被后天的感情所扰乱了。我们在活着的时候，把握现在的时间，现在就是价值，要回去的时候就回去，所以一切环境的变化、身心的变化也都没有关系，因为这些都是自然本来的变化。

面对生死，我们都应该坦然些。生命之意义，是告诉世人，只要勘破无常、生死参透，也就不会大悲大喜，弄得身心俱疲。

一个学徒酷爱学习武术，希望自己能够领悟武术的精华，学习了一段时间，想想自己既不强壮，又不灵巧，始终不能入门，实在没有资格学武，便决定离开。临走时向师傅辞行。

学徒说："师傅！我在您这儿习武长达三年之久，对武术仍是一点领悟都没有，实在辜负您的心意。看来我不是学武的材料，今天向您老辞行，我将云游他乡。"

师傅非常惊讶，问道："为什么没有觉悟就要走呢？难道去别的地方就可以觉悟吗？"

学徒诚恳地说："学武的同学们一个个都已学成而归，而我每天除了吃饭、睡觉之外，都在精进于武术的学习，但就是太愚钝。现在，我的内心深处已生出一股倦怠感，我想我还是云游四海吧！"

师傅听后开解道："悟，是一种内在本性的流露，根本无法形容，也无法传达给别人，更是学不来也急不得的。别人是别人的境界，你习你的武术，这是两回事，为什么要混为一谈呢？"

学徒说:"师傅!您不知道,我跟同学们一比,立刻就有类似小麻雀看见大鹏鸟时那样的羞愧之情。"

师傅有兴趣地问道:"怎么样的算大?怎么样的算小?"

师傅答道:"大鹏鸟一展翅能飞越几百里,而我只能囿于草地上的方圆几丈而已。"

师傅意味深长地问道:"大鹏鸟一展翅能飞几百里,那它飞越生死了吗?"

学徒沉思后点点头。

大鹏鸟虽然一展翅就能飞越几百里,但它无法飞越生死;而人可以借助思考和反省,参透生死之道,并获得解脱。

对我们而言,肉体的死亡是不可避免的,所以我们总是惧怕死亡,对死亡过度恐慌。活着为什么紧张?因为生命如流水般逝去,无可挽回。尘世生命是短暂的,但在悟者的视野里,生命是永恒的,生和死是定义肉体生命的。

认识到这永恒的生命,如天地自然中万物有造化的生生不息、循环往复的生命规律,就能从绝望虚无的深黑泥淖中脱离出来,这就是飞越了生死的悬隔。这始终存在的生命,继续繁衍生发,它是一个延续,如波浪的涌进。生死之间没有一丝空隙,它是连贯畅通的。如此达观,一己生命根本算不了什么。生死本无鸿沟,全在于人的设定。需要飞越的不是生死,而是人心中划分的不可逾越的生死鸿沟。

演员变换了,戏照常进行;浪潮翻腾着,但海洋依旧。既然肉体的死亡和朽灭是我们谁也避免不了的事,既正常又绝对,即使欺骗自己也不能阻止死亡的到来,我们就不必自欺欺人。倒不如看破生死,好好活在当下。

你若放下，幸福自来